초등 공부 습관의 힘

우리 아이 공부머리 키우는 기적의 가게야마 학습법

초등 공부
습관의 힘

가게야마 히데오 지음 | 신현호 옮김

RHK
알에이치코리아

한동안 주입식 교육이 문제라는 비판이 많이 있었습니다. 일본에서는 그 이상적인 대안을 '여유 있는 교육'이라 보고, 교육 내용이나 수업 시간을 크게 단축시켰습니다. 그 대신 경험과 이해를 강조하는 체험 학습을 도입했지요. 그러나 지금 와서는 '아이들의 학습 능력이 떨어지고 있다', '학교는 대체 무엇을 가르치는 것이냐?' 하는 비판이 나오고 있습니다. 그래서 다시 수업 시간을 늘려야 한다는 목소리도 커지고 있습니다.

수업 시간을 늘리거나 보충수업을 한다면, 학교는 정말로 아이들의 학습 능력이 떨어지는 문제를 해결할 수 있을까요? 학교 바깥에서도 지식과 정보가 기하급수적으로 늘어나고 있는데, 과연 현재 교육제도만으로 그 변화의 속도를 따라잡을 수 있을까요?

학생들이 공부할 시간은 적은데, 배워야 할 내용은 많다. 이것이

21세기에 살고 있는 우리 아이들이 처한 현실입니다. 이것은 결국 보다 빨리, 보다 많은 내용을 아이들이 학습해야 한다는 얘기입니다. 그것이 가능하기나 할까요? 사실은 가능합니다.

학습 능력을 비약적으로 높이는 가게야마 학습법

나는 오랫동안 이 질문에 답하기 위해 노력해왔고, 그 과정에서 '가게야마 학습법'이라고 불리는 읽기, 쓰기, 계산하기의 철저한 반복 공부법을 만들었습니다. 이 방법은 마른 종이가 물을 빨아들이는 것처럼, 학생들이 짧은 시간 동안 많은 학습 내용을 받아들일 수 있도록 학습 능력을 획기적으로 개선하는 방법입니다.

공부의 기초를 이루는 읽기, 쓰기, 계산하기 능력이 뒷받침되면, 무엇보다도 집중력이 놀라울 정도로 높아집니다. 또 이 집중력을 바탕으로 새로운 학습 내용들을 보다 빨리 파악하고 받아들일 수 있기 때문에, 아이들은 그 내용이 아무리 많더라도 적은 시간에 공부한 것을 자기 것으로 만들 수 있게 됩니다. 이것만이 짧은 시간에 많은 내용을 배울 수 있는 해결책입니다.

더욱 새로워진 가게야마 학습법

이 책은 내가 야마구치 초등학교를 떠나, 히로시마현의 쓰치도 초등학교에 부임한 후 쓴 책입니다. 쓰치도 초등학교의 새로운 학습법을, 여러 학부모님과 선생님에게 소개하기 위해 쓴 책이지요. 쓰치도 초등학교에서 실천한 학습법에는 내가 야마구치 초등학교에서 실천했던 공부법보다 더 나은 방법이 많습니다.

그 결과 아이들의 학습 능력이 비약적으로 높아진 것은 물론, 선생님들의 의식도 많이 바뀌었습니다. 그리고 지금까지 '가게야마 학습법'이라고 불리던 학습 방법은 여러 선생님의 경험과 이론을 받아들여 더욱 새로운 형태로 발전했습니다.

무엇보다도 이 책 곳곳에는 자신들이 맡은 학생들의 특성에 따라 내 공부법을 창의적으로 받아들인 1학년 야마네 료스케 선생님, 5학년 미시마 사토루 선생님, 6학년 히라타 오사무 선생님의 실천 방법들이 함께 녹아 있습니다.

쓰치도 초등학교에서는 선생님과 수업 방식은 물론 아이들까지도 전부 변했습니다. 쓰치도 초등학교 안에서 작은 변화 하나가 다른 변화로 꼬리를 물고 이어지는 동안, 다른 교육 현장에서도 점진적인 개혁이 이루어졌습니다. 이런 변화는 앞으로도 멈추지 않을 것입니다. 나는 내 힘만으로는 결코 이끌어내지 못했던 혁신을, 쓰치도 초등학교 선생님들과 함께 이루어나가고 있습니다.

가게야마 히데오

CONTENTS

들어가는 글 / 5

1장
학교에서 다지는
공부 습관 / 13

시간은 없고 배울 것은 많다

읽기, 쓰기, 계산하기의 철저한 반복

뇌를 키우는 학습 방법

기초학력은 이렇게 높인다

한자를 조기에 공략하다

새로운 수업 방식을 시험하다

음독으로 고전을 외우다

'가능'이 먼저, '이해'가 나중

저학년을 위한 사전 찾기 놀이

단어 노트를 만들다

계산할 줄 알아야 사고력도 높아진다

사립 중학교 문제에 도전하다

스스로 발표하는 학생

포기하지 않는 연습

게으름과 거짓말은 눈감아주지 않는다

2장 선생님과 함께하는 공부 습관 / 91

입학 전에는 무엇을 해야 좋을까

1학년에게 반드시 필요한 공부 습관: 국어 편

음독을 할 때는 감정을 싣는다

사전 찾기를 게임처럼

종이쪽지 진급 시스템

1학년에게 반드시 필요한 공부 습관: 수학 편

10칸부터 시작하는 100칸 계산

3학년에게 반드시 필요한 공부 습관

숙제와 자율 학습

체육 활동이 가진 의미

가장 훌륭한 선생님

중학교 입학 전에 필요한 여섯 가지 학습 능력

단어를 보기 전에 문맥을 보라

예습과 복습, 모든 학습의 기본

글쓰기 훈련은 테마 일기로

모른다는 걸 받아들이는 용기

승부의 수업을 시도해 보자

완전히 달라진 우리 아이들

3장 가정에서 키우는 공부 습관 / 199

반복 학습에는 가정이 최적의 장소

체험 학습에는 한계가 있다

내용은 한정하고 방법은 간단하게

100칸 계산을 위한 다섯 가지 철칙

도형에 관한 정리를 암송한다

문장형 문제는 작문 음독법으로

단위 문제는 경험과 문제 풀이로

가정학습 시간은 '학년×15분'이 기준

텔레비전을 끄고 대화를 나누자

4장 일상을 바꾸는
공부 습관 / 251

학습 능력을 높여주는 학교

체력을 살려야 성적도 오른다

반찬 가짓수가 많을수록 성적이 좋다

아이가 학교에 가고 싶지 않다고 말하면

체험 학습과 암기 학습은 수레의 양 바퀴

선생님도 누군가의 가족이다

한 아이를 키우려면 온 마을이 필요하다

나가는 글 / 292

부록_ 예비 100칸 계산 / 299

1장

학교에서 다지는
공부 습관

시간은 없고
배울 것은 많다

일본의 수학 검정 교과서에는 새로운 학습 내용이 도입되었습니다. 지금까지 다루지 않았던 사다리꼴 넓이를 구하는 공식, 네 자릿수의 덧셈, 세 자릿수의 곱셈, 대분수 계산, 소수점 이하 두 자릿수의 계산, 원주율 등 여러 내용이 부활했습니다.

부활한 내용을 모든 학생이 반드시 배워야 할 필요는 없습니다. 선생님도 학생의 실력에 따라 다루지 않고 넘어가도 괜찮은 것이지요. 그러나 한 학급을 혼자서 담당하는 선생님들에게는 어떤 학생에게는 추가된 내용을 가르치고, 어떤 학생에게는 가르치지 않기로 선택하는 일이 쉽지만은 않을 것입니다. 한국의 교육부에 해당하는 일본의 문부과학성은 학생에 따라 가르치는 내용을 달리해도 좋다고만 말할 뿐, 담임교사가 학생들에게 어떤 방식으로 새로운 학습 내용을 가르쳐야 하는지는 구체적으로 제시하고 있지 않습니다.

그렇다고 똑같이 가르치지 않을 수도 없는 노릇입니다. 선생님이 교과서에 실린 내용을 학생들에게 가르치지 않는다는 것은 학부모에게는 커다란 불안을 안길 수밖에 없습니다. 어느 학급은 새 교과 내용을 가르치고 어느 학급은 가르치지 않는 것도 여러 가지 억측이나 좋지 못한 소문을 낳을 수 있습니다. 그러다 보면, 학교뿐만 아니라 학부모나 교사 들 사이에서도 적잖은 혼란이 발생할 것입니다. 물론 이런 혼란을 거듭한 뒤에는 결국 전체 내용을 모든 학생에게 가르쳐야만 하는 상황이 오겠지요. 학생들은 주입식 교육을 비판하는 목소리에 교과 내용이 줄어들다가 갑작스레 다시 늘어나는 상황에 내몰린 것입니다.

수학뿐만 아니라 다른 과목에서도 똑같은 현상이 벌어졌습니다. 새로운 교과과정에 따라, 전 과목에서 여러 학습 내용이 부활했습니다. 수업 시간은 그대로인데 가르쳐야 하는 내용은 훨씬 늘어난 것입니다. 이런 변화는 어떤 결과를 가지고 올까요?

새 교육과정의 시행으로, 6학년 학생들은 자신보다 낮은 학년 아이들이 배운 내용을 전혀 이해하지 못하는 상황에 처할 수도 있습니다. 예를 들어, 6학년 학생들은 분모가 다른 분수의 덧셈과 뺄셈을 하지 못할 텐데, 교과과정이 바뀌기 전까지 6학년 과정에서는 분모가 다른 분수의 곱셈과 나눗셈만 가르치는 것으로도 충분했기 때문이지요. 그러나 교육과정이 바뀌고 나서는, 6학년 학생들은 원래 학습 내용뿐만 아니라 분수의 덧셈과 뺄셈까지 모두 한 학년에 배워야 합니다. 똑같은 수업 시간에 말입니다.

이것은 6학년 학생들을 맡은 선생님에게는 정말 커다란 부담입니다. 학생들에게 뛰어난 기초 학습 능력이 없다면, 아이들이 이 모든 내용을 한 학년에 배우고 충분한 복습을 통해 몸에 익히기가 매

우 어렵기 때문입니다. 학생들도 엄청난 부담을 느낄 것입니다. 아무런 대책도 없이 수업 내용을 좇아가려고 한다면, 학생들은 대부분 진도를 제대로 따라가지 못할 수밖에 없습니다. 그렇다면 어떻게 해야 할까요?

방과 후 보충수업에 의존하지 않고 정해진 시간 안에 늘어난 학습 내용을 소화시키기 위해서는, 학생들의 학습 능력을 획기적으로 향상시켜야만 합니다. 그것이 가능하기는 할까요?

네, 가능합니다.

읽기, 쓰기, 계산하기의 철저한 반복

나는 오래전부터 짧은 시간 동안 많은 내용을 학습할 수 있는 방법을 추구해왔습니다. 그 결과로 찾은 것이 바로 '가게야마 학습법'이라는 읽기, 쓰기, 계산하기의 철저한 반복 공부법입니다. 이 학습법이 이전에 존재하지 않았던 특별한 방법은 아닙니다. 과거부터 잘 알려진 평범한 방법인 '기초를 확실히 다지는 방법'을 보다 체계적으로 만들었을 뿐입니다. 읽기, 쓰기, 계산하기를 반복하는 것이야말로 아이의 지능을 높이는 밑거름입니다.

수학을 예로 들어봅시다. 예전에 근무했던 야마구치 초등학교에서 나는 100칸 계산(덧셈, 뺄셈, 곱셈), 나눗셈 100문항(나눗셈 A형), 나머지가 있는 나눗셈 100문항(나눗셈 B형, C형)을 날마다 아이들에게 시키고 시간을 쟀습니다.

100칸 계산에서 덧셈, 뺄셈, 곱셈을 2분 안에 풀 수 있으면, 학생들은 나눗셈 100문항도 2분 안에 풀 수 있게 됩니다. 그다음에는 나머지가 있는 나눗셈 100문항도 실력을 쌓아 5분 안에 해결할 수 있습니다. 학생들이 이 정도 계산 능력을 갖추면, 초등학교 수학에서 마주하는 어떤 문제도 어렵지 않다고 생각하게 됩니다. 다시 말해, 아이들이 수학에서 벽에 부딪치는 이유는 기초적인 사칙연산을 해결하는 데 문제가 있기 때문입니다.

예를 한 가지 들어보겠습니다. '18252÷78'은 사칙연산 과정을 13번 거쳐야 비로소 답이 구해집니다. 나눗셈만큼 복잡하지는 않지만, 두 자릿수 이상의 곱셈도 받아 올림(같은 자리의 수끼리 더해 10 이상일 때 윗자리로 10을 올려서 계산하는 방법)이 있는 덧셈 요소가 포함되어 있습니다. 이런 기초 지식은 중학교나 고등학교에서 수학을 배우는 동안 모든 계산의 밑바탕을 이룹니다.

3학년 때 담임을 맡았다가, 6학년 때 다시 담임을 맡은 아이가 있었습니다. 학력이 매우 뒤처진 아이였는데, 6학년이니까 한 해만 지나면 이 아이가 내 품을 영영 떠나게 된다는 생각에, 중학교에 입

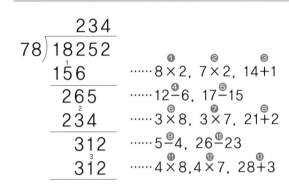

학하기 전에 뒤처진 공부를 따라잡게 해줘야겠다 싶었습니다.

그래서 방과 후에 아이와 함께 보충수업을 했지만 큰 성과를 보지는 못했습니다. 그때 시도한 것이 100칸 계산이었습니다. 그런데 그토록 변화를 보이지 않던 아이가, 꾸준히 100칸 계산을 하고 나서는 완전히 달라졌습니다. 성격이 침착해졌고, 설명에 귀를 기울였습니다.

처음에 나는 어째서 이런 일이 벌어졌는지 영문을 알지 못했습니다. 그러나 얼마 가지 않아 '기초적인 계산을 반복하는 것과 소리 내어 읽는 것이 뇌 발육을 촉진한다'는 연구 결과를 알게 되었습니다.

연구에서 밝혀진 것처럼 100칸 계산을 비롯한 문제집 여섯 개를 날마다 반복해 학습하자, 이전에는 전혀 의욕을 보이지 않던 아이가 '하면 된다'는 자신감을 가지고 어느 날부터 의지를 가지기 시작했습니다. 나는 이 경험을 바탕으로, '기초 과정을 반복하는 것은 정해진 수업 시간을 극복하는 유일한 수단'이라는 생각에 이르렀습니다.

이제 나는 교육자로서 지향해야 할 방향을 한 문장으로 요약할 수 있습니다. 바로 '기초 과정에 집중해 학습 능력을 확실히 높이는 일'입니다. 여기서 말하는 '기초 과정'이란 무엇일까요? 바로 읽기, 쓰기, 계산하기입니다. 나는 학생들이 기초를 튼튼히 다질 수 있도록 몇 가지 지침을 세웠습니다.

- 훗날 학습의 근간을 이루는 기초 지식의 습득을 목표로 한다.
- 읽기, 쓰기, 계산하기에 관한 구체적인 목표를 정해 점차 학습 능력을 향상시킨다.
- 읽기, 쓰기, 계산하기는 반복이 중요하므로, 혼자서도 매일 꾸준히 공부하는 습관을 들인다.
- 반드시 읽어야 하는 문학작품 목록을 만들고, 여러 차례 큰 소리로 읽어 암송한다.
- 읽기, 쓰기, 계산하기에 날마다 일정 시간을 할애한다.

다른 사람들이 나에게 '아이의 학습 능력을 높이는 방법'을 물어
보면 나는 그때마다 "아이들의 학습 능력을 높이는 방법에는 여러
가지가 있지요" 하고 대답합니다. 그러나 솔직히 말하면 읽기, 쓰
기, 계산하기를 반복해 공부하는 것밖에는 없다고 생각합니다.

뇌를 키우는
학습 방법

도호쿠 대학 미래과학기술 공동연구센터의 가와시마 류타川島隆太 교수는 '읽기, 쓰기, 계산하기를 반복하면 뇌가 활성화된다'는 연구 결과를 발표했습니다. 가와시마 교수는 뇌 과학을 연구하는 분으로, 기능성 자기공명영상장치fMRI 같은 기계로 살아 움직이는 뇌를 촬영해 뇌의 어느 부분이 어떤 작용을 하는지를 연구합니다.

나도 언제부터인가 읽기, 쓰기, 계산하기를 반복하는 아이들이 한자 같은 다른 분야에서도 뛰어난 능력을 보이는 것을 보면서, 아무래도 반복 학습이 아이들의 학습 능력까지 높이는 것은 아닌가

하고 생각한 적이 있습니다. 또 한편으로 기초 과정의 반복 학습이 시간을 재면서까지 계산 연습만 반복한다는 비난을 받을 때에는, 반복 학습의 효과에 대한 과학적인 근거가 필요하겠다는 생각을 하기도 했습니다. 그래서 기초 과정을 반복해 공부하는 것에 대한 과학적인 뒷받침을 얻기 위해, 서점가를 돌아다니며 온갖 뇌 관련 과학 서적을 뒤적여보았습니다.

그러다가 가와시마 교수의 연구를 알게 된 것이지요. 그가 10년 동안 진행한 연구를 통해 밝혀낸 것은, '소리 내어 읽기나 기초 계산을 반복하면, 사고를 관장하는 뇌의 전두엽에서 혈류가 증가해 뇌 전체의 기능이 활성화된다'는 사실이었습니다. 전두엽이란 사고하고, 행동을 억제하고, 의사소통을 원활하게 만들고, 의사 결정을 하는 등 고도의 뇌 기능을 관장하는 영역입니다. 그는 여러 차례 실험을 통해, 복잡한 문장으로 이루어진 문제를 풀 때보다 단순 계산을 반복할 때 전두엽이 더욱 활성화된다는 것을 밝혔습니다.

가와시마 교수는 연구 결과를 발표하는 자리에서 다음과 같은 말을 했습니다.

수백 가지 실험을 살펴보았는데, 음독이나 단순 계산을 반복할 때 뇌의 움직임이 가장 활발했습니다. …… 지금까지 교육심리학에서는 단순 계산 문제보다 문장형으로 된 문제를 풀 때 논리적인 사고가 더 요구된다고 알려졌는데, 사실 뇌 안에서는 별다른 차이를 보이지 않았습니다.

뇌 과학의 연구를 통해, 나는 읽기, 쓰기, 계산하기를 반복해 학습하는 것이 아이들의 뇌를 자극하고 발달시키는 데 커다란 도움이 된다는 사실을 알게 되었습니다. 따라서 반복 학습법은 아이들의 뇌를 키우는 교육 방법입니다. 최근 이러한 교육 방법이 다시 각광을 받기 시작한 것은, 단지 우연이 아니라 수많은 시행착오가 축적된 결과입니다.

가와시마 교수에 따르면 자폐증, 주의력결핍 및 과잉행동장애 ADHD, 학습장애 등 지적 장애가 있는 아이들에게도 이 방법을 적용시킬 수 있다고 합니다. 실제로 자폐증, 다운증후군, 지적 발달 장애가 있는 아이들 90명에게 읽기, 쓰기, 계산하기의 반복 학습을 3개월 동안 시키고 전두엽 기능을 검사한 적이 있었는데, 학습을 시작하기 전에 비해 아이들의 지적 능력이 크게 향상되었습니다.

이 결과는 내 경험만 봐도 충분히 수긍이 가는 내용입니다. 음독이나 100칸 계산은, 특히 공부를 싫어하고 남의 말을 주의 깊게 듣지 못하는 아이들을 변화시키는 데 탁월한 효과를 발휘했으니까요. 또한 읽기, 쓰기, 계산하기의 반복 학습을 통해 전두엽이 발달하면 감정을 다스릴 수 있게 되어, 아이들의 집중력이 높아지고 침착해지는 등 수업 태도도 개선됩니다.

연구 결과에 따르면 읽기, 쓰기, 계산하기는 아이들뿐 아니라 어른이나 노인들에게도 효과가 있다고 합니다. 그 사실을 입증하기 위해 가와시마 교수는 후쿠오카현의 한 재활 시설에서 치매 증상이 있는 노인을 대상으로 치매의 정도를 측정했습니다. 그랬더니 읽기, 쓰기, 계산하기를 반복 학습한 뒤에는 검사 수치가 눈에 띄게 높아졌고, 요의를 전혀 못 느끼던 사람들이 '화장실에 가고 싶다'는 말을 하거나 기저귀에 의존하지 않는 등 상태가 현저하게 개선되었다고 합니다.

기초 학습은 장시간에 간헐적으로 하기보다 짧은 시간에 집중적으로 자주 하는 편이 더 효과적이라는 사실도 실험으로 밝혀졌습니다. 일주일에 두 번 길게 연습한 사람들은 3개월이 지나도 별다른 차이를 보이지 않은 반면, 일주일에 나흘 이상 짧게 연습한 사람들은 그 이후로 계속 고득점을 올리는 결과가 나왔습니다.

재활 시설에서 실험을 하는 동안, 치매 환자 노인들은 실험 시간을 유일한 낙으로 삼아, 실험 시작 한 시간 전부터 자리다툼까지 벌일 정도였다고 합니다. 이것 역시 내 경험을 통해 충분히 공감이 가는 이야기였습니다. 1학년 학생들에게 처음 100칸 계산을 시켰을 때도 꼭 그랬으니까요. 아이들은 그 시간 동안 마냥 즐거워했습니다. 아이들 스스로 '집에서도 연습하고 싶어요'라며 나서더군요. 선생님이 '그러면 문제지를 복사해 나눠 줄까?' 했더니 '좋아요! 좋아요!' 하며 흥미를 보였습니다.

가와시마 교수의 연구 결과에 나는 전적으로 동의합니다. 한자 연습이나 계산 연습의 가장 큰 효과는 뇌 자체의 능력을 개발해 아이들의 집중력과 학습 능력을 높이는 것이라는 사실을 나는 여러 차례 경험했으니까요.

기초학력은
이렇게 높인다

쓰치도 초등학교 선생님들에게 내가 지향하는 목표를 이해시키는 데에는, 고후쿠 초등학교의 스기타 히사노부杉田久信 교장 선생님의 저서, 《기초학력은 이렇게 높인다基礎学力はこうしてつける》가 큰 도움이 되었습니다. 고후쿠 초등학교는 문부과학성으로부터 지정받아 참신한 교육 방식에 도전하고 있는 학교이지요.

스기타 교장 선생님은 10여 년 전 한 초등학교에서 골칫덩어리 학급의 담임을 맡은 적이 있다고 합니다. 수업 중인데도 교실 안을 돌아다니는 학생들이 많아 수업을 진행하기조차 쉽지 않았답니다.

그래서 '최소한 기본적인 사항만이라도 가르쳐야겠다'는 일념으로 읽기, 쓰기, 계산하기를 중점적으로 지도했는데, 그 후부터 아이들이 믿기 어려울 정도로 안정감을 찾기 시작했다고 합니다.

그가 새로 교장으로 부임한 고후쿠 초등학교에서도 처음에는 수업 분위기가 무척 산만했습니다. 그러나 읽기, 쓰기, 계산하기를 중시하는 시스템을 도입했더니 분위기가 급변했습니다. 첫해에는 2학년 학생에게만 100칸 계산을 시켰는데, 학력과 학습 태도에 엄청난 변화를 보였습니다. 그 효과에 놀라 이듬해부터 모든 학년을 대상으로 100칸 계산을 도입했습니다.

고후쿠 초등학교에서는 그 뒤로 반복 학습 시간을 크게 늘려, 학

생들이 매일 아침마다 30분씩(예를 들어, 음독 15분, 100칸 계산 15분) 읽기, 쓰기, 계산하기의 반복 학습을 실시하고 있습니다. 운동선수들이 본격적으로 운동을 하기 전에 체조로 몸을 푸는 것처럼, 아이들은 아침마다 기초 과정의 반복 학습으로 뇌를 활성화시킨 다음 수업을 시작하는 것이지요. 학교에서 100칸 계산을 시키지 않은 날은 숙제로라도 내주기 때문에 하루도 빠짐없이 기초 반복 연습을 하는 셈입니다.

스기타 교장 선생님은 책에서 기초학력을 높이는 '읽기, 쓰기, 계산하기' 중심의 교육 방법을 세세히 밝히고 있습니다. 그때까지 기초 과정의 반복 학습에 대해 회의를 갖고 있던 쓰치도 초등학교의 선생님들도 이 책을 보고는 내가 생각하는 교육 방법에 대해 이해하게 되었지요.

나는 쓰치도 초등학교에서도 고후쿠 초등학교처럼 '매일 1교시 수업 전 30분 동안을 기초 학습 시간으로 설정해, 전교생이 모두 읽기, 쓰기, 계산하기를 반복하도록 할 것'을 제안하고자 했습니다. 그러나 이 제안을 교육위원회에서 과연 승인해줄 것인지가 걱정되었습니다. 정규교육 시간에서 벗어나는 비공식 수업이기 때문입니다. 그뿐만 아니라, 이런 수업은 학생과 선생님에게도 부담으로 여겨질 것이 분명했습니다. 결국 반복 학습 시간은 수업 시간 중에서 확보할 수밖에 없었습니다. 문제는 어떤 수업 시간에서 그 시간을 확보할 것인가 하는 점이었습니다.

반복 훈련을 통해 학생들의 기초학력이 높아지면, 수업 시간도 분명 더 빠르게 진행할 수 있습니다. 따라서 전체 교육과정을 소화하는 것이 목표라면, 큰 문제는 없었습니다. 그러나 이렇게 정규 수업 시간에 다른 수업을 진행하는 일을 교육위원회에서 받아들일 수 있을지도 걱정되었습니다.

나는 교육위원회의 위원장으로 새로 부임한 히라타니 유코 씨를 찾았습니다. 그는 이렇게 말했습니다. "쓰치도 초등학교는 연구학교이기 때문에, 다양한 교육 방식을 인정하기로 했습니다. 그러니 큰 문제없습니다." 마침내 정규 수업 시간을 이용해 반복 학습을 실천할 수 있는 시간을 확보할 수 있었습니다.

쓰치도 초등학교에서는 학생들이 주 3일, 그러니까 화, 수, 목 1교시 45분 동안에는 읽기, 쓰기, 계산하기의 기초 과정을 반복했습니다. 국어를 15분, 수학을 15분, 각 학급마다 자유롭게 선택한 다른 과목 하나를 15분 동안 실시했습니다.

한자를
조기에 공략하다

'가게야마 학습법'은 다른 선생님들이 실천한 내용을 바탕으로 만들어진 것입니다. 내가 직접 고안하고 개발한 것은 '한자 조기 공략 학습법' 정도밖에 없다고 생각합니다.

한자를 조기에 공략한다는 것은 한 해 동안 배워야 하는 모든 한자를 한 달 만에 한꺼번에 가르치는 방법입니다. 국어 시간에는 독해나 작문을 전혀 다루지 않고, 오로지 한자만을 가르칩니다. 일단한 차례 모두 가르치고 난 다음에야 비로소 일반적인 국어 수업을 진행합니다. 기존 상식에 비춰볼 때 이런 시도가 무모하게 보일지도 모릅니다. 그러나 제 경험으로 보자면, 학생들이 한자를 먼저 공략하면 그다음 수업부터는 교과서 문장을 술술 읽을 수 있고, 별다른 어려움 없이 수업을 따라갈 수 있게 됩니다.

한자를 한 차례 모두 배운 학생들에게는 남은 국어 수업이 이미 외웠던 한자를 복습하는 수업이나 다름없습니다. 또 잊어버릴 만할 때 한자 문제집을 한 번 더 풀거나 같은 한자가 들어간 단어를 집중해 배우면, 아이들은 1년 동안 익혀야 할 한자를 완전히 외울 수 있습니다.

말로 설명하기는 쉬워도, 이 방법을 정착시키기까지는 정말로 길고도 어려운 과정을 거쳐야 했습니다. 학생들에게 읽기, 쓰기, 계산하기를 연습시킬 때, 가장 지도하기 어려운 것이 '한자를 쓸 수 있도록 만드는 일'입니다. 음독은 지도하기가 쉬운 편이고, 계산도 연습하기에 따라 속도가 빨라질 수 있지만, 한자를 완벽하게 외우도록 가르치기는 정말 어렵습니다.

학생들이 한자를 외우기 위해서는, 여러 차례 써보고 일정 기간 동안 끊임없이 복습할 필요가 있습니다. 나는 시험 삼아 한 달 동안 1년 치 한자를 가르치고, 이후 3개월 동안에는 오로지 복습하는 데에만 초점을 두었습니다. 이것이 제가 처음 경험한 한자 조기 공략법입니다.

당시에는 한자 기출 문제집 하나를 교재로 사용했는데, 거기에는 A4 용지보다 조금 큰 종이 4장에 1년 치 한자가 전부 들어 있었습니다. 나는 겨울방학을 앞두고 그 교재로 아이들에게 한자를 복습시켰습니다. 이런 방법으로 한자를 가르치는 동안 재미있는 현상이 나타났습니다.

똑같은 문제집으로 날마다 반복해 학습시켰더니, 아이들이 어느 시점을 지나자 갑자기 한자를 자기 것으로 만들고 있었던 것입니다. 처음에는 아무리 가르쳐도 좀처럼 외우지 못한 아이들조차도, 3일 정도가 지나자 한자를 외우는 속도가 부쩍 빨라졌습니다.

처음에는 학년 말 전에 1년 동안 새로 배울 한자들을 모아 한 번 종합적으로 가르치고, 학년 말에 집중적으로 복습을 해보면 어떨까 하는 생각에서 출발했습니다. 그래서 12월쯤, 1년 동안 배운 한자가 모두 들어 있는 문제집 하나를 가지고 공부를 시작했습니다. 그 가운데에는 이미 배운 것들도 있었지만 아직 배우지 않은 한자도 있었습니다. 그리고 겨울방학 전에는 개학 후 시험을 보기로 하고 학생들에게 복습을 해오도록 숙제를 내주었습니다. (일본의 겨울방학은 2주 정도로 짧고, 방학이 끝나고 나면 3개월 정도 3학기가 진행됩니다 – 옮긴이) 놀랍게도 개학 후 시험에서는 매우 좋은 성적이 나왔습니다. 많은 아이들이 새로 배운 한자까지 외우고 있었고, 한자에 약했던 아이들도 한자를 80퍼센트 이상 쓸 수 있게 되었던 것입니다.

　그래서 다음에는 1학기가 끝나는 7월에, 1년 동안 배울 한자를 모두 가르쳐보았습니다. 그리고 나서 여름방학을 앞두고 역시 개학 후에 시험을 보기로 약속하고 숙제를 내주었습니다. 아직 배우지 않은 한자가 지난번보다 훨씬 많았지만, 여름방학은 6주 정도로 길기 때문에 나는 학생들이 더 열심히 복습해 더 좋은 점수가 나올 것이라고 기대했습니다.

　그런데 의외로 결과는 좋지 않았습니다. 여름방학이 너무 길었다는 데 문제가 있었습니다. 아이들은 긴 여름방학에 긴장을 늦추고 복습을 소홀히 했던 겁니다. 게다가 부모님들은 오히려 여름에 더 바빠서 아이들에게 올바른 지도를 해줄 수가 없었고요. 이 경험으로, 나는 무언가를 외우려면 오랜 시간을 두고 쉬엄쉬엄하기보다는 단기간에 집중적으로 하는 것이 더 효과적이라는 것을 알게 되었습니다. 특히 한자처럼 외울 분량이 정해져 있는 과목 같은 경우에는 긴장감이 떨어지지 않을 정도로 시간을 두고 집중하는 것이 효과적입니다. 너무 긴 시간의 여유는 게으름을 불러오고, 집중도도 떨어뜨리기 마련이니까요. 나는 기회가 있을 때마다 아이들에게 이런 말을 합니다.

　"세 시간에 할 수 있는 일은 딱 세 시간 만에 처리해야 한다. 두 시간이 걸려도 안 되고, 다섯 시간이 걸려도 안 된다."

　다시 말해, 학습량에 따라 외우기에 가장 적합한 시간이 따로 있고, 그 시간 동안에는 집중력을 100퍼센트로 유지해야 한다는 말이지요. 정해진 시간보다 짧으면 학습 패턴을 몸에 익힐 시간이 모자라고, 너무 길면 집중력이 떨어지기 마련입니다.

　한자가 똑같은 분량이더라도 1년 동안 나누어 공부했을 때에는 훨씬 더 많은 시간이 걸리고도 아이들이 한자를 외우지 못했습니다. 학생들이 집중도도 떨어지고, 복습할 시간이나 기회도 충분히 가지지 않았기 때문이지요. 하지만 초기에 집중해 학습하니, 짧은 시간에 훨씬 더 좋은 효과를 거둘 수 있었습니다. 무엇보다 이후 수업에서 복습을 하면서, 아이들이 학년 말에 한자를 확실히 숙달할 수 있게 되었던 것이 가장 큰 성과였습니다. 이처럼 외울 분량이 정해져 있는 경우라면, 꼭 한자가 아니더라도 다른 암기 과목이나 외국어에도 이 방법을 충분히 적용할 수 있습니다.

새로운 수업 방식을
시험하다

한자 조기 공략 학습법은 놀라운 발견이었습니다. 이 성공을 발판으로, 나는 학년마다 새롭게 외워야 하는 한자를 정리한 한자 문제집 하나만 활용했습니다. 학교뿐만 아니라 가정에서도 한 가지 문제집으로 반복 학습을 시켰더니, 지금까지 학원에서도 별다른 효과를 보지 못했던 아이들도 비로소 한자를 외울 수 있게 되었다는 소식이 들려왔습니다.

이런 사실이 알려지면서, 반복 학습법은 폭발적인 인기를 끌었습니다. '한자는 같은 문제집으로 반복 학습하기만 하면, 어려움 없이 외울 수 있다'는 점이 입증된 셈이지요.

한자 문제집을 고를 때는, 외우고자 하는 한자를 포함한 짧은 문장이 함께 있고, 잘 외우고 있는지 스스로 점검해볼 수 있는 책을 선택하는 것이 좋습니다. 한자를 쓰는 순서까지 알려주는 문제집이라면 더욱 좋겠지요.

정리하자면, '조기 공략 학습법'은 학생들이 한 가지 문제집으로 1년 동안 익혀야 할 한자를 약 한 달이라는 짧은 시간 동안 익히고, 나머지 시간 동안에는 잊지 않도록 반복해 공부하는 것입니다. 나는 10년 가까이 여러 시행착오를 겪고 직접 고안해낸 이 방법을 더 많은 학급에서 시도하기를 바랐습니다. 쓰치도 초등학교에서는 맨 처음에 5학년 학생들을 대상으로 시험 수업을 하고, 학교 내 모든 교사가 참관하도록 했습니다.

이렇게 한 이유는 아무리 좋은 교육법이라고 하더라도 선생님들에게 강요할 수는 없었기 때문입니다. 다른 선생님들도 저마다 여러 시행착오를 겪어 만들어낸 각자의 수업 방식이 있습니다. 따라서 '유명한 교장 선생님이 특별한 교육 방식을 가지고 왔다니까, 우리도 당장 따라 해보자'고 이야기하는 선생님은 없습니다.

먼저 새로운 수업 방식을 제시하고, 선생님들이 효과를 직접 실감할 수 있도록 만드는 것이 중요했습니다. 내가 시험 수업 대상으로 5학년 학생들을 선택한 이유가 있습니다. 고학년 학생들이 두뇌의 발육 상태가 저학년 학생들보다 더 좋기 때문입니다. 고학년 학생들이 좋은 결과를 보이면, 그다음에는 차례대로 낮은 학년 학생들에게 '저 누나랑 형들처럼만 공부하면, 공부가 쉬워진다'고 가르칠 수 있습니다. 4학년 학생들에게 먼저 새로운 학습법으로 가르치고 그것을 6학년 학생들에게 적용하려고 한다면, 고학년 학생들은 '어린 녀석들을 따라 할 수는 없지' 하고 생각하기 마련입니다.

얼마 지나지 않아 선생님들도 새로운 교육 방법의 효과를 실감했고, 그 결과로 고학년 학급을 맡고 있는 선생님들부터 하나둘씩 조기 공략 학습법을 실시했습니다.

'아이들이 부담을 느끼지 않도록, 한자같이 어려운 내용은 조금씩 나누어 가르쳐야 한다'는 것이 널리 알려진 지도 방법입니다. 따라서 1년 동안 배울 한자를 1학기 초에 전부 가르치는 방식은 지나치게 무모하다는 오해를 불어오기도 했습니다.

쓰치도 초등학교에도 그런 생각을 가진 선생님이 있었습니다. 5학년을 맡고 있었던 그 선생님은 한자 조기 공략 학습법을 받아들이면서도, 수업 시간을 나누어 반만 한자 학습에 할애하고 나머지 시간에는 교과서 수업을 병행했습니다. 게다가 한자를 가르칠 때도 한자만 가르치는 것이 아니라 반드시 단어나 문장을 통해 실례를 들어가며 가르쳤습니다.

그 선생님으로서는 단순한 방법으로 암기에 치중하는 수업 방식을 쉽게 수긍할 수 없었던 거지요. 하지만 그런 방법으로는 한 달 안에 끝마칠 수도 없었고, 아이들의 실력 향상도 볼 수 없었습니다.

다음 학기 때, 결국 그 선생님은 수업 방식을 바꾸었습니다. 그런데 그것은 내 방식과는 조금 달랐습니다. 그 선생님은 그날그날 배울 한자들을 칠판에 모두 적은 뒤, 부수 부분을 파랗게 칠하더군요. 아이들에게 무작정 외우지 말고 부수를 의식하며 배우도록 한 것이지요. 이 방법은 부수를 보고 한자의 의미를 유추할 수 있다는 것과, 한자를 부수와 그 밖의 부분으로 나누어 배우기 때문에 외우기 쉽다는 두 가지 장점이 있습니다.

단어나 문장들까지 함께 배우면, 의미를 이해하는 데에는 도움이 되지만 시간이 많이 걸리고 집중력이 떨어집니다. 하지만 부수를 통해 한자를 배우면, 시간이 많이 걸리지 않으면서도 단순 암기를 하는 것이 아니라서 의미나 쓰임을 이해하면서 공부할 수 있지요. 이 방법이 한자를 외우는 데에도 더 효과적이고요.

결국 그 선생님은 자신이 원래 가지고 있던 교육관을 흐트러뜨리지 않으면서, 반복 학습법을 수용해 새로운 학습법을 만들어낸 것입니다. 그 결과 1학기에는 성적이 50점 정도에 불과했던 아이들이 한 학기를 보내고 나서는 80점 이상을 거두었습니다.

음독으로
고전을 외우다

'음독音讀'은 소리 내어 읽는 것을 말합니다. 이 방법은 아이들의 기초 학습 능력을 높이는 데 효과가 매우 좋습니다. 언뜻 보면 단순히 읽기만 하는 것 같지만, 음독을 반복하는 것은 이해력과 암기력을 높입니다. '큰 소리로 소리 내어 읽으면 뇌 전체가 활성화되어 아이들의 지능에 상당히 좋은 영향을 미친다'는 연구 결과도 나와 있습니다.

이 방법은 누군가가 개발한 획기적인 것이 아니라, 이미 오래전부터 시행된 상당히 고전적인 학습법입니다. 그러던 것이 새로운 여러 교육 방법들에 밀려, 한동안 단순하고 고리타분한 것으로 치부되었지요. 그런데 최근에는 이 학습법이 국어뿐만 아니라 다른 과목, 그중에서도 외국어 및 암기 과목 등을 학습하는 데에도 유용하다는 것이 알려지면서 다시금 주목을 받고 있습니다.

나는 음독을 반복하는 것을 매우 중시해 모든 학년에게 적용하고 있습니다. 또 국어나 외국어뿐만 아니라, 수학을 비롯한 다른 과목을 가르칠 때도 교과서를 소리 내어 읽게 하곤 합니다. 아이들에게 음독을 시키면, 지금 그 아이가 교과서 내용을 따라오고 있는지 아닌지를 바로 알 수 있습니다. 수업을 잘 이해하지 못하는 아이는 예외 없이 교과서를 더듬거리며 읽습니다. 읽을 수 없기 때문에 내용도 머릿속에 들어오지 않는 것이지요. 문장형으로 이루어진 수학 문제 같은 경우에는, 문제를 잘 이해하지 못해서 풀지 못하는 아이들도 많습니다. 반대로 아무렇지 않게 술술 읽을 수 있게 되면 자연스럽게 내용까지도 머릿속에서 정리가 됩니다.

'많이 읽다 보면 뜻이 저절로 분명해진다'는 말이 있습니다. 한 번 읽어서는 알지 못하는 내용이라도 여러 번 소리를 내어 읽다 보면 의미까지 파악할 수 있게 된다는 겁니다. 그렇게 여러 차례 읽다 보면, 이해가 가지 않던 부분이 점차 일목요연하게 정리되기 때문이지요. 그래서 나는 교과서를 더듬거리며 읽는 아이에게는 술술 읽어 내려갈 수 있을 때까지 계속 큰 소리로 읽으라는 숙제를 내곤

합니다. 부모님께도 여러 날 걸려도 상관없으니 아이가 막히지 않고 읽을 수 있을 때까지 반복적으로 소리 내어 읽도록 도움을 부탁드리지요.

학생들의 기억력은 어른들을 훨씬 뛰어넘습니다. 여러 번 큰 소리로 읽으면 아이들은 자연스럽게 문장을 외우기 시작합니다. 이것을 한 달 정도 계속하면 책을 보지 않고도 줄줄 읊습니다.

국어 과목을 아주 싫어하는 남자아이가 있었는데, 나는 그 아이에게 집에서도 학교에서와 같이 책을 여러 차례 소리 내어 읽도록

했습니다. 그러던 어느 날 아이가 숙제하는 것을 곁에서 지켜보던 어머니에게 '세상에! 우리 아이가 〈한 송이 꽃一つの花〉(태평양 전쟁을 무대로 전개되는 이마니시 스케유키今西祐行 원작의 동화―옮긴이)의 내용을 모두 외워요'라는 말을 들었습니다.

국어 과목을 그렇게 싫어하던 아이가 교과서 15쪽도 넘는 긴 글을 모두 암송했다고 하니, 쉽게 믿기 어려운 얘기여서 쉬는 시간에 아이에게 암송을 시켜봤습니다. 그런데 놀랍게도 아이 입에서 그 긴 글이 거침없이 나오는 것 아니겠습니까? 나는 놀라움을 넘어 감동마저 느꼈습니다. 그 작품은 내가 한 달 동안이나 시간을 들여가며 가르쳤던 글이기 때문입니다.

'음독'이란 단지 문장을 소리 내어 읽는 것을 가리키는 말이지만, 그 내용을 들여다보면 여러 가지 방법이 있습니다. 교사가 먼저 읽고 학생이 따라 읽도록 하는 '따라 읽기', 학급 학생들이 일제히 소리 맞춰 읽는 '일제히 읽기' 그리고 한 사람씩 돌아가며 읽는 '홀로 읽기' 등이 그것입니다. 아이들에 따라, 또는 어떤 방법을 어떻게 적용하는가에 따라 다른 효과를 거둘 수 있습니다.

3학년 담임을 맡았던 한 선생님은 반 아이들을 두 그룹으로 나누어 게임하는 것처럼 음독을 시킨 적도 있습니다. 이런 식으로 음독을 하면 아이들은 숙제나 공부가 주는 지겨움을 벗어나 그 시간을 즐깁니다.

음독 학습법을 알리고 나서 전국 곳곳에서 벌어지는 음독 학습법을 여러 차례 견학하다 보니, 나는 음독에서 파생하는 여러 가지 효과에 대해 깨닫게 되었습니다. 우선 첫째는 아이들이 음독 훈련을 많이 해 빨리 읽을 수 있게 되면, 자연스럽게 이해도 빨리 한다는 점입니다. '소리 내어 읽기'라는 반복 학습이 기초학력을 높여주는 주요한 근거가 여기에 있지요.

두 번째는 발성 훈련도 자연스레 이루어진다는 겁니다. 음독을 할 때는 배에 충분히 힘을 넣어 의식적으로 발성하는 훈련을 자주 합니다. 음독 훈련을 통해 확실한 성과를 내고 있는 반은 목소리가 아주 우렁찹니다. 그러다 보면 아이들이 어른에게 인사나 대화를 할 때에도, 적극성을 가지고 의사소통을 원활히 할 수 있게 되기 때문에, 생활 자세도 건전해지고 예의도 발라집니다.

세 번째는 집중력 있는 음독을 하는 아이들을 보면, 마치 마음까지 단련하는 것처럼 보일 정도로 활기찬 기운이 느껴진다는 것입니다. 이런 것들은 이치로 파악하는 것이 아니라 몸소 실천해본 다음에야 비로소 깨닫는 경험이지요.

내가 음독에 이용하는 글은 헌법 전문前文이나 국어 교과서에 실린 현대 시와 수필 등 아주 다양합니다. 어른들조차 읽기 까다로운 11세기에 쓰인 수필과 같은 고전을 외우기란 결코 쉬운 일이 아닙니다. 그런데 아이들은 2학기 도중에 시작해, 더군다나 국어 수업 시간 이외에는 아침이나 짧은 휴식 시간을 이용할 뿐인데도 학기가 끝나기도 전에 여러 장을 암송할 수 있게 되었습니다. 나도 4학년 학생에게 고전을 외워보라고 시킨 적이 있지만, 이렇게 많은 분량을 외우는 아이들은 지금까지 본 일이 없습니다.

아이들이 어려운 글을 외웠다고는 하지만, 내용을 배운 것은 아니므로 당연히 그 의미까지 알지는 못합니다. '어째서 이해하지도 못하는 문장을 암기시키는가. 그게 무슨 도움이 되겠는가.' 이렇게 비판하는 사람도 있습니다. 그러나 에도 시대의 서당이나 메이지 시대의 초등학교에 이르기까지, 일본에서는 아이들에게 아직 의미도 잘 알지 못하는 고전을 음독시키고 암송시켜 왔습니다. 그러나 그런 교육을 받은 아이들 가운데, 어른이 되어 그런 일을 두고 '안 하느니만 못한 쓸데없는 짓이었다'고 말하는 사람은 거의 없습니다. 오히려 이들 가운데 대다수는 어린 시절부터 선인들이 남긴 문화를 접할 기회를 준 국어교육에 감사하고 있습니다.

나도 야마구치 초등학교에 재직할 당시만 해도 아이들에게 헌법 전문을 외우라고 할 때가 많았습니다. 제자들이 졸업하고 대학생이 되어 사회에 진출하고도, 동창회에서 반드시 이야기하는 화젯거리가 바로 '헌법'의 암송입니다. 물론 '헌법을 외우는 것이 참으로 도움이 되었다'는 목소리가 압도적으로 많습니다.

헌법 전문은 우리 생활을 규정하는 가장 중요한 법률입니다. 그 바탕 위에서 일본 역사가 앞으로 나아가고 있으며, 오늘을 산다는 의미에서도 어린 시절에 헌법 전문을 외웠던 일이 학생들에게 커다란 자극제가 되었나 봅니다.

'가능'이 먼저,
'이해'가 나중

나와 같은 생각을 가지고 기초학력 향상에 힘을 쏟고 있는 고후쿠 초등학교의 스기타 히사노부 교장 선생님은 저서인 《기초학력은 이렇게 높인다》에서 다음과 같이 말하고 있습니다.

'이해'가 먼저냐, '가능'이 먼저냐 하는 것은, 교육의 본질과 관계가 있습니다. 오늘날 학교교육은 '가능'보다 '이해'를 우선시합니다. '의미는 모르면서 계산 연습만 한다고 능사는 아니다'라거나 '의미를 모르고는 고전 등을 음독하고 암송해봤자 아무 소용이 없다'는 말을 자주 듣습니다. 그래서 대개 수학에서 계산 연습보다 그 의미를 이해하는 데 대부분의 시간을 들이고 있습니다. 국어에서도 서로 대화를 나누는 학습 중심으로 전개될 뿐, 같은 작업을 반복하는 필기나 음독, 암송 등은 거의 중요시하지 않고 있습니다.

아이가 말을 배울 때에는 의미도 모른 채 일단 남의 말을 그대로 흉내 냅니다. 그러다 보면 패턴을 인식하면서 자연스럽게 의미도 파악하게 되고 결국 말을 할 수 있게 되는 것이지요. 아이는 말에 담긴 의미를 나중에 이해합니다. 이렇게 보면 인간이 경험하는 최초의 학습은, '가능'이 먼저이고 '이해'가 나중인 것입니다. 나중에 이해하는 것이 결코 특별한 경우가 아니라는 얘기입니다. 오히려

가능이 이해의 기본형인 셈이지요.

그가 말한 것처럼 원리 이해가 먼저인가, 암기나 계산 훈련이 먼저인가 하는 것은 기본적인 교육관과 관련이 있습니다. 이 점에 대해, 나는 논리적인 상관관계보다는 효율적인 측면에 관심을 두고자 합니다. 직관적으로는 원리 이해를 하고 난 후에 암기를 하는 편이 오래 기억에 남을 것이라고 생각할 수 있습니다. 하지만 현실에서는 많은 아이들이 원리부터 이해하는 데 벽을 느끼고 더 나아가지 못하는 경우가 많습니다.

나눗셈 공부를 예로 들어보겠습니다. 먼저 계산 순서를 가르치고, 반복 학습으로 계산이 '가능'해진 상태로 만든 다음 나눗셈의 의미를 가르치면 '이해'가 쉽습니다. 하지만 그 반대 순서로 할 경우, 아이들은 처음부터 포기해버리기 십상입니다.

국어를 비롯한 다른 과목의 경우에도 그렇습니다. 의미 이해부터 시작하면 아이들, 그중에서도 특히 공부를 싫어하는 아이들은 처음부터 의욕을 잃고 좌절하는 경우가 많습니다. 하지만 큰 소리로 문장을 되풀이해 읽는 것부터 시작한다면, 누구나 어려움을 느끼지 않고 도전하지요. 반복해 읽다 보면 자연스럽게 내용까지도 어렴풋이 머릿속으로 들어오고요. 그런 다음 그 글이 갖고 있는 내용을 얘기하면 아이들의 이해는 훨씬 빠르고 오래갑니다.

이런 점 때문에, 나는 헌법이나 고전 작품을 암송하도록 하는 것이 아이들의 미래를 위한 선물이라고 생각합니다. 세속적으로 보자면 헌법이나 고전에서 외운 문장이 수험 문제로 출제되는 행운을 바랄 수도 있겠지요. 하지만 그것과는 비교도 할 수 없는 장기적인 가치가 있습니다. 어린 시절 의미도 모르고 암송했던 문장이 나중에는 지성의 골격을 형성할 수 있으니까요.

소리를 내어 문장을 읽는 습관이 없었던 아이들은, 처음에는 음독을 거북해합니다. 그러나 점점 익숙해지면서 음독하는 것에 흥미를 느낍니다. 대다수 어른들의 생각과는 달리 아이들은 대개 암송하는 일에 싫증을 내지 않습니다. 그러다가 완전히 암송하는 데 성공하면, '나도 할 수 있다!'는 성취감을 느끼고 다시 도전하고 싶어 하지요.

이렇게 내용을 외운 다음 의미를 가르치면 아이들은 훨씬 더 쉽게 이해하고, 또 그 이해가 오래갑니다. 반면 의미를 이해하는 것부터 배우면 더 오랜 시간이 걸리고도 오래 남지 않지요. 게다가 아이들이 어른들도 외우지 못하는 내용을 알고 있다는 으쓱함 같은 것도 느끼지 못하고요.

이 성취감은 열심히 노력하지 않는 한 맛볼 수 없는 것입니다. 하지만 이 성취감을 한번 맛본 아이들은 이후에도 살아가면서 힘든 일을 만나면, '이번에도 열심히 노력하면 이겨낼 수 있을 거야!' 하는 의지를 이끌어낼 수 있습니다.

저학년을 위한
사전 찾기 놀이

'물고기를 주기보다 물고기 잡는 법을 가르쳐라'는 말이 있지요?
공부도 그렇습니다. 아이들에게 지식을 가르쳐주는 것도 중요하지
만, 그보다 더 중요한 가르침은 모르는 부분을 마주쳤을 때 스스로
해결하는 방법을 알려주는 것입니다. 그 첫걸음이 사전을 찾는 일
이지요.

모르는 것이 생겼을 때, 사전을 찾아 자기 지식으로 만들어가는
일은 반드시 습관을 들여야 합니다. 학생이 사전 찾는 습관을 몸에
배도록 하기 위해서는 초등학교 저학년 때부터 사전 찾기를 시작

하는 것이 좋습니다. 특히 기억력은 초등학생 때 가장 뛰어나다고 합니다. 그러니 이 시기에 아이가 단어 찾기를 많이 해놓으면, 남보다 뛰어난 어휘력을 갖출 수 있습니다. 이런 기초적인 능력을 쌓으면 장차 다양한 학습이나 조사 활동을 할 때도, 그렇지 않은 아이와 놀라운 차이를 보입니다.

사전은 단어를 배우는 국어 시간에나 사용하는 것이라고 생각하는 사람이 있을지도 모르겠습니다. 그러나 국어 시간에만 사전을 찾으면 아이들이 사전 찾기에 완전히 익숙해질 때까지, 사전을 찾는 데 너무 오랜 시간이 걸립니다. 그러다 보면 사전을 찾을 때마다 수업이 끊기고, 결국 수업 진행이 어려워집니다. 그래서 쓰치도 초등학교에서는 사전 찾는 것 자체를 목적으로 삼는 사전 찾기 수업이 생겨났습니다.

하지만 사전 찾기는 꼭 수업 시간이 아니어도 할 수 있습니다. 일단 아이가 그것을 즐길 수 있게 되면 언제 어디서나 혼자서도 사전 찾기를 놀이처럼 할 수 있으니까요. 다만 처음에는 사전 찾는 일에 익숙해지는 시간이 필요하지요.

사전 찾기는 빨리 시작할수록 좋습니다. 학습량이 아직 적은 저학년 때 버릇을 들이지 않으면, 모르는 것이 점점 많아지는 고학년 때는 일일이 사전을 찾는 것이 '귀찮은 일'이 되어버리니까요. 대개 3학년 때 사전을 찾기 시작하는데, 쓰치도 초등학교에서는 학생들이 1학년부터 사전 찾기를 시작합니다. 아이들 수준에 맞는 적당한 사전과 놀이처럼 즐길 수 있는 학습 방법만 찾을 수 있다면, 1학년 아이들도 얼마든지 사전 찾기를 할 수 있습니다.

아이가 어느 정도 사전 찾기에 재미를 붙일 때까지는 부모님이나 선생님이 함께하는 것이 좋습니다. 사전 찾기는 여러 명이 함께 할 수도 있고, 혼자서도 할 수 있지요. 단 여러 명이 함께 할 때는 모두가 같은 사전을 가지고 해야 합니다. 일단 사전을 꺼내 책상 위에 펼쳐놓으세요.

먼저 처음 나오는 머리글자를 정해주세요. 예를 들어, '오늘은 ㄷ이 첫 글자인 단어를 찾자' 같은 거지요. 그러면 찾는 범위가 좁아지기 때문에 사전 찾기에 익숙하지 않은 아이도 부담을 덜 수 있지요. 만약 아이가 이미 자모의 순서에 익숙해져 있다면, 굳이 머리글자를 한정해주지 않아도 좋습니다.

그다음으로는 찾을 단어를 출제해주세요. 단어를 그냥 말해도 상관없지만 퀴즈 형식으로 내주거나 몸짓으로 힌트를 주면 아이들이 훨씬 재미있어 합니다. 다음과 같은 식으로 하면 됩니다.

선생님: 오늘의 첫 단어는 말이죠, 선생님이 집으로 돌아가고 있었는데, 길이 아주 밝았어요.
학생: 달! 달이요!

선생님: 네, 그렇습니다. 달을 찾아보세요.

여러 명이 할 때는, 먼저 찾은 아이부터 일어서서 '달'에 대해 사전에 적힌 내용을 소리 내어 읽도록 합니다. 빨리 찾아 설명을 끝낸 아이는 다른 학생들이 찾을 때까지 작은 소리로 한두 번 더 읽도록 하세요. 모두 찾고 나면 함께 한 번 더 소리 내어 읽습니다. 아이가 혼자서 할 때는 찾은 것을 두세 번 정도 반복해 읽고, 마지막으로 선생님이나 부모님과 함께 한 번 더 읽으면 좋습니다.

마지막으로, 찾은 단어가 있는 페이지에 종이쪽지를 붙입니다. 나중에 다시 볼 때 쉽게 찾기 위한 것도 있지만, 단어 찾기를 얼마나 열심히 했는지 한눈에 보기 위한 것이기도 합니다. 단어를 많이 찾을수록 종이쪽지가 바로바로 늘어나니까, 아이 스스로 지식이 늘어나는 것을 느낄 수 있지요. 아이들은 그런 데에서 오는 뿌듯함과 성취감을 매우 좋아하지요.

충분히 연습한 다음에는 아이가 혼자서 찾고 싶은 단어를 찾도록 격려해주세요. 종이쪽지가 100장이 될 때마다 진급 시험을 거쳐 새로운 종이쪽지를 나눠주는 것도 방법입니다.

이처럼 놀이의 요소를 가미해 사전 찾는 습관을 들이는 것이 저학년 사전 찾기 학습의 포인트입니다. 또 그 과정에서 단어의 뜻을 익힐 때는 소리 내어 읽는 연습을 활용하지요.

별것 아닌 방법 같지만, 이처럼 철저하게 단순 학습을 반복하면 아이들은 자신도 모르는 사이에 사전과 친숙해집니다. 사전에 익숙해지면, 모르는 것을 만났을 때 사전 찾는 것을 두려워하거나 불편해하지 않고 즐겁게 도전할 수 있습니다.

물론 모든 학생이 똑같은 방법으로 사전 찾기를 진행할 수는 없습니다. 이미 기초적인 단어를 많이 알고 있는 고학년 학생과 같은 경우에는 사전 찾기 자체에 큰 의미를 두지 않기 때문이지요. 6학년쯤에는 문장을 읽고 글을 이해하는 것이 주목적이고, 사전을 찾는 것은 문장을 이해하기 위한 수단입니다. 그렇기 때문에 글을 읽다가 모르는 단어가 나왔다고 해서 무작정 사전부터 집어 드는 것이 능사는 아닙니다.

오히려 모르는 단어가 들어 있는 문장의 앞뒤를 여러 차례 읽어 단어의 뜻을 어림잡고, 그런 다음에도 추가로 더 확인하고 싶다는 생각이 들 때 사전을 찾는 것이 좋지요. 단어의 사전적 의미도 중요하지만, 모든 단어는 문맥 속에서 활용과 의미를 함께 파악해 외우는 것이 보다 효과적입니다. 이처럼 먼저 문맥을 통해 단어의 의미를 유추하는 일은 사고의 영역을 더욱 넓혀주는 작업이기도 합니다. 게다가 유추한 내용이 사전에 담긴 설명과 일치했을 때는, 아이들이 뿌듯함을 느낄 수도 있지요.

단어 노트를
만들다

아이들에게 어휘력이란 평생 가지고 갈 지식의 재산입니다. 단어를 읽고 이해할 줄 아는 것도 중요하지만, 작문을 하거나 대화를 할 때 정확하고 적절하게 구사하는 능력도 매우 중요합니다. 그러기 위해서 꼭 필요한 학습 방법이 바로 '단어 노트 정리'입니다.

쓰치도 초등학교에서 처음 단어 노트 정리를 시작한 것은, 학생들이 학기 초에 배운 한자를 다양한 단어로 활용하는 데 익숙해지도록 하기 위해서였습니다. 일본어에는 단어가 주로 한자로 이루어져 있기 때문에, 단어를 배운다는 것은 곧 단어의 한자를 외우고 의미를 이해한다는 것을 얘기합니다. 그래서 노트를 정리할 때에도 그해에 새로 배우는 한자를 중심으로, 그 글자를 포함하는 단어들을 나열하는 방식으로 정리합니다. 쓰치도 초등학교에서는 3학년 때부터, 아이들이 이런 방식으로 날마다 세 단어씩 단어의 의미를 노트에 차곡차곡 정리하도록 하고 있습니다.

예를 들면, '경敬'이라는 글자 옆에 '경의敬意', '경어敬語', '존경尊敬'을, '경警'이라는 글자 옆에는 '경계警戒', '경고警告', '경찰警察'을 함께 정리하는 식입니다. 그리고 아이들이 한자 옆에는 단어의 의미와 함께, 반드시 그 단어가 포함된 문장을 적어 문맥을 이해하고 체화하도록 지도하고 있습니다.

물론 한국에서는 단어 공부가 한글을 중심으로 이루어지겠지만, 초등학교 과정에서도 한자로 이루어진 단어들이 꽤 나오는 것으로 알고 있습니다. 특히 사회 과목이나 과학 과목에 나오는 용어들은 아무래도 한자로 이루어진 것이 많을 것입니다. 이 경우, 국어 과목이 아니다 보니 학생들이 대개는 일일이 사전에서 의미를 찾거나 하지 않고 넘어가지요. 그러다 보니 이런 과목들에 나오는 많은 낱말들을 의미도 모른 채 막연히 쓰는 경우가 많습니다.

사전을 찾거나 노트에 정리할 단어를 반드시 국어 교과서나 문학작품에 나오는 것으로 한정할 필요는 없습니다. 생소하거나 까다롭게 느껴지는 단어를 만나면 아이들이 언제든지 사전을 찾아 노트에 정리하게 하세요. 한자어가 나온다면 한자를 함께 적고, 같은 한자를 포함하는 다른 단어들도 함께 정리해보면, 아이가 놀라울 정도로 어휘가 확장되는 것을 경험할 수 있을 것입니다.

아이가 단어 노트를 정리할 때 중요한 것은, 사전에서 찾은 의미를 적는 것에 그치면 안 된다는 것입니다. 단어 노트에는 단어의 의미와 함께 그 단어가 쓰인 문장을 함께 적어놓아야 합니다.

예를 들어 '충고'라는 단어를 찾아보았다면 '남의 잘못이나 결점을 충심으로 타이름'이란 의미를 적고, '나는 가지 말라는 그의 충고를 따랐다'와 같은 예시 문장을 반드시 함께 정리해야 합니다.

단어는 문장 속에서 배우는 것이 가장 효과적입니다. 모든 단어는 문장 속에서 다른 단어들과 관계를 맺고 있기 때문에, 단어가 품고 있는 정확한 의미를 알기 위해서는 문장을 통해 단어를 학습해야 하지요.

또 단어의 의미를 안다는 것은 그 단어를 활용할 줄 안다는 것과 다릅니다. 아이가 5학년 이상이라면 예시 문장을 찾는 것에 그치지 말고, 스스로 그 단어를 넣은 짧은 문장을 만드는 연습까지 하도록 지도하는 것이 좋습니다. 스스로 단어를 사용해보면 그 단어의 뉘앙스까지 알 수 있으며, 그런 훈련을 하고 나면 작문을 할 때 단어를 자연스럽게 활용할 수 있을 것입니다.

단어의 의미만 알고 넘어가는 아이와, 예시 문장을 통해 활용을 이해하고 스스로 문장을 만들어보는 아이는, 훗날 언어를 구사하는 능력에서 놀라운 차이를 보입니다.

하지만 무엇보다 중요한 것은 하루에 세 단어 이상씩 빼놓지 않고 꾸준히 공부해야 한다는 것입니다. 단어 노트를 정리하는 일은 학교 수업 시간에 하기 힘듭니다. 결국 방과 후 학습이라는 것인데, 이것을 빠트리지 않고 매일 꾸준히 하려면 선생님이나 부모님의 지속적인 관심과 지도가 필요합니다. 날마다 학습해 나간다면, 아이는 언어능력에서 놀라운 향상을 보일 것입니다.

계산할 줄 알아야
사고력도 높아진다

수학을 배울 때 가장 중요한 것은 계산 능력입니다. 계산은 바로 수학의 뼈대를 이루는 언어와도 같은 것이기 때문이지요. 언어를 모르고는 복잡한 사고를 다룰 수 없듯이, 기본적인 계산을 하지 못하면 '사고력을 배양하는 문제'를 대할 때에도 쓸데없이 시간만 지체하기 십상입니다.

수학 문제를 해결하는 실력은 사칙연산을 매끄럽게 수행하는 기초적인 계산 능력과 그 기초적인 계산을 순서에 따라 조합해 문제를 풀어가는 논리력, 즉 알고리즘 감각으로 이루어집니다.

그런데 '그것만으로는 부족하다. 계산 하나에도 의미가 있다. 우선 그 의미를 가르치는 것부터 시작해야 한다'는 의견을 말하는 사람도 있습니다. 실제로 그런 생각이 주류를 이루면서, 가급적 아이들의 이해를 지원하는 데 중점을 두는 교육 방침이 세워졌습니다. 기본적인 계산 능력을 배양하는 문제 풀이는 점점 교과서에서 밀려났고요.

반면, 계산 연습을 언급했던 고후쿠 초등학교의 스기타 교장 선생님은 '학교 현장에서 얻은 경험에 따르면, 계산 연습에 힘을 쏟거나 반복 학습으로 음독과 암송을 한 것이 아이들의 능력을 향상시키는 데 도움이 되었다'며 자기 경험을 반영한 설득력 있는 반론을 내놓고 있습니다.

예를 들어, 나눗셈의 경우 우선 계산 순서를 가르치고 반복 학습으로 계산이 가능한 상태로 만든 다음, 나눗셈의 의미를 교과서대로 가르치면 아이들이 비교적 쉽게 이해합니다. 낙제를 하는 경우도 줄어들고요. 그러나 이 방법을 거꾸로 하면, 처음에 의미를 이해하는 것에서부터 벽에 부딪쳐 의욕을 상실하고 계산력을 키우지 못하는 아이들이 늘어납니다.

나는 그의 의견에 동의합니다. 아이들은 머리가 아니라 몸으로 익힌 상태에서 비로소 이해를 하기 때문이지요. 나는 이런 이유로 수학도 반복 학습을 통해 무조건 외울 필요가 있다고 생각합니다.

그래서 도입한 계산하기 반복 학습이 바로 100칸 계산입니다.

100칸 계산이란 일종의 계산 문제집입니다. 뒤 페이지 그림에서 보듯이 세로 10칸, 가로 10칸으로 된 표가 있고, 맨 왼쪽 줄과, 맨 위쪽 행에는 숫자가 적혀 있습니다. 그리고 맨 왼쪽 가장 위 칸에 표시된 '+', '-', '×' 기호에 따라 위와 옆의 숫자들을 더하거나 빼거나 곱하여 빈칸에 답을 적어 나갑니다. 이렇게 100칸을 모두 채우는 동안 시간을 재고, 그 기록을 단축해 나가는 훈련이 '100칸 계산 반복 학습'입니다.

100칸 계산에 도전을 할 때에는 대개 덧셈부터 시작합니다. 쓰치도 초등학교에서 6학년 학생들이 처음 100칸 계산에 도전했을 때, 첫 번째 걸림돌은 뺄셈이었습니다. 이때 걸린 시간은 대부분 3, 4분 정도였는데 5분을 넘기는 아이도 몇 명 나왔습니다. 하지만 아이들은 꾸준히 100칸 계산 연습을 계속해, 결국 2주 만에 시간을 반으로 줄이는 데 성공했습니다.

더하기, 빼기, 곱하기 계산을 2분 안에 끝마치면, 이제 '나눗셈 100문항'에 도전합니다. 나눗셈은 칸으로 하지 않고 100문항으로 하는데, 여기에는 A, B, C 세 가지 형태가 있습니다.

A형은 '나머지가 없는 나눗셈'입니다. 이 문제를 2분 안에 풀 수 있다면, 학생들은 이제 나머지가 있는 나눗셈에 도전합니다. 나머지가 있는 나눗셈에는 또 받아 내림(같은 자리의 수끼리 뺄 때 윗자리

100칸 계산

월   일(분   초)

−	14	10	16	12	19	13	17	15	18	11
7										
4										
8										
0										
6										
3										
5										
1										
9										
2										

빼어지는 수

−	11	17	13	15	18	10	16	12	14	19
4	7	13	9							
6	5									
2	9									
7	4									
5										
8										
1										
3										
9										
0										

빼는 수

↑ 13−4   ↑ 15−4   ↑ 18−4   ↑ 16−4   ↑ 19−4

← 11−7
← 11−5
← 11−3
← 11−0

100칸 계산의 방법

• 계산은 맨 위 맨 왼쪽 칸부터 순서에 따라 옆으로 풀어나간다.
• 스톱워치로 시간을 재고 기록을 적는다.
• 날마다 한 장씩. 일정 기간 계속한다.
• 오늘의 기록을 어제의 자기 기록이 아닌 다른 사람의 기록과 비교하지 않는다.

66

에서 10을 빌려서 계산하는 방법)이 없는 것(B형)과 받아 내림이 있는 것(C형)이 있지요.

쓰치도 초등학교의 6학년 학생들이 나눗셈 100문항 C형을 처음 연습할 때에는 10분을 넘기는 아이들도 많았습니다. 그러나 1학기 때부터 계속 연습해 2학기에 들어서자 나눗셈 100문항 역시 2분 안에 다 푸는 아이가 나타나더군요.

100칸 계산을 할 때는 반드시 지켜야 할 원칙이 있습니다. 최소한 2주 정도는 문제의 배열을 바꾸지 않고 똑같은 문제를 반복적으로 풀어야 한다는 것입니다. 그러면 학생이 배열과 숫자를 외워버릴 것이고 그래서 무슨 도움이 될까 싶기도 하겠지만, 전혀 문제없습니다. 아이들은 다른 누구도 아닌 바로 어제의 자기 자신을 뛰어넘기 위해 문제를 푸는 것이니까요. 그러다 보면 시간을 단축하고 자신감도 얻을 수 있습니다.

참고로, 내가 야마구치 초등학교에 있을 당시 C형 나눗셈 100문항을 푸는 시간에 대해 정해놓은 기준을 알려드립니다.

초등학교 3학년: C형 50문항을 10분 안에 풀 수 있다.
초등학교 4학년: C형 50문항을 5분 안에 풀 수 있다.
초등학교 5학년: C형 100문항을 5분 안에 풀 수 있다.
초등학교 6학년: C형 100문항을 3분 안에 풀 수 있다.

이 기준은 가정에서 아이가 연습할 때도 기준으로 삼을 수 있을
것입니다. 하지만 어디까지나 기준으로만 삼아야지, 이것을 가지
고 아이에게 윽박지르거나 강요해서는 안 됩니다. 가장 중요하는
것은, 어제의 나와 오늘의 내가 경쟁해 시간을 단축하는 일입니다.

사립 중학교 문제에
도전하다

아이가 소리 내어 읽기와 계산하기를 반복적으로 연습하다 보면 변화가 확연하게 눈에 띕니다. 야마구치 초등학교에서 담임을 맡았을 때도 실제로 겪어보았지만, 반복 학습을 하다 보면 어느 순간부터 수업 진행이 매우 수월해집니다. 처음 배우는 내용이라도 아이들이 한 번에 이해하기 때문이지요. 이때쯤 아이들은 지금까지 배워온 것과는 다른 유형의 문제나 교재를 받아도 금방 적응해 풀어내고는 합니다. 나는 이런 경우를 '비약 현상'이라 부릅니다.

읽기, 쓰기, 계산하기를 계속해서 반복한 어느 6학년 학생들은,

11월쯤에는 얼굴 표정마저 바뀐 것 같았습니다. 나는 그 학생들에게 사립 중학교 입학시험에 나오는 수학 문제를 한번 풀어보게 하면 어떨까 하고 생각했습니다. 일본에서는 사립 중학교에 가려면 따로 까다로운 시험을 봐야 합니다. 사립 중학교에 가려는 아이들을 위한 진학 학원이 따로 있을 정도이지요. 그러니까 그 생각은 결국 아이들에게 한 번도 접한 적이 없는 어려운 계산 문제를 풀게 해보자는 계획이었지요.

우리는 사립 중학교의 입학 문제를 푸는 수업을 '승부의 수업'이라고 불렀습니다. 물론 아이들에게도 이 수업은 도전이었겠지만, 읽기, 쓰기, 계산하기의 효과를 알아본다는 의미에서, 나에게도 커다란 도전이었습니다.

문제를 받은 아이들은 총 14명이었는데, 그중에는 수학이라면 질색을 했던 아이도 있었습니다. 이 아이들은 교과서에 나오는 수학 수업 외에는 100칸 계산과 나눗셈 100문항만 반복 연습했을 뿐, 수험용 문제 풀이 기술은 전혀 배운 적 없는 아이들이었습니다. 중학교 입학시험에 대비해 진학 학원에 다니는 아이는 단 한 명뿐이었고요.

나는 그중 두세 명 정도만이라도 문제를 풀 수 있다면 다행이라고 생각했습니다. 그런데 놀랍게도 절반도 넘는 아이들이 아무런 힌트 없이 혼자 힘으로 문제를 풀어내더군요. 푸는 데 애를 먹었던 나머지 아이들도 약간의 힌트를 주자 15분쯤 뒤에는 거의 전원이 정답을 적었습니다. 6학년 담임선생님은 물론, 몰래 수업을 훔쳐보던 나도 깜짝 놀랄 수밖에 없었습니다.

한 번도 풀어본 적 없는 새로운 유형의 수학 문제를 지극히 평범한 아이들이, 아니 수학을 싫어하기까지 했던 아이들까지 풀어내다니, 어떻게 이런 일이 가능했던 걸까요? 그것은 읽기, 쓰기, 계산하기를 반복하면서 뇌가 활성화되었기 때문이었을 겁니다. 뇌가 활성화되면 학습의 기초를 이루는 지적 능력이 몸에 밸 테니까요. 말하자면 학습을 위한 저력이 생겼다고나 할까요.

아이가 나눗셈 C형 100문항을 평균 2분 안에 마칠 정도로 실력을 갖추면 수학 수업을 대하는 태도부터 달라집니다. 선생님이 아무리 새로운 교재나 다른 유형의 문제를 내밀어도, 그것이 초등학교 수준이기만 하다면 그야말로 순식간에 풀어버립니다. 이런 경우를 가리켜 무엇이든 흡수한다는 말이 생긴 모양입니다.

심리학이나 뇌 과학 전문가가 아닌 내가 '왜 그렇게 되었는가'를 과학적으로 설명하지는 못합니다. 내가 할 수 있는 말은 '머릿속으로 따지지 말고, 직접 경험해보면 알 수 있다'는 것뿐이지요.

국어 실력을 높이기 위해 소리 내어 읽거나 암송을 하고 단어 노트를 정리하는 일, 또 수학 실력을 높이기 위해 반복적으로 계산 연습을 하는 일은, 어쩌면 축구 선수나 야구 선수가 경기력 향상을 위해 달리기나 근력 운동을 하는 것과 비슷할지도 모르겠습니다. 달리기로 전신 지구력이 향상하고 근력 운동으로 근육이 부위별로 발달하면, 축구나 야구 실력은 저절로 좋아집니다.

그러나 실제로 얻는 효과는 이것으로 끝이 아닙니다. 강해진 근력은 경기를 할 때뿐 아니라, 몸을 움직여야 하는 어떤 상황에서나 효과가 나타나기 마련이지요. 마찬가지로 읽기나 쓰기, 계산하기를 반복적으로 학습한 아이들은 자신들이 배운 국어나 수학에서 나아가, 그것을 바탕으로 하는 다른 문제에도 적응력이 생기는 효과를 볼 수 있습니다.

스스로
발표하는 학생

쓰치도 초등학교에서는 학생들의 발표로 수업을 진행할 때 아이들이 '지명 없는 발언' 시간을 갖도록 하고 있습니다. 지명 없는 발언이란, 선생님이 지명해 발표를 시키는 것이 아니라, 의견을 가진 아이가 스스로 일어나 자기 생각을 이야기하는 것을 말합니다.

지명 없는 발언은 수업에 집중하는 데에도 큰 도움이 되지만, 무엇보다도 아이들이 자기 의견을 표현할 기회를 스스로 갖는다는 데 장점이 있습니다. 또 이런 방식은 부모가 아이와 대화를 할 때에도 적용할 수 있습니다. 아이에게 어떤 문제가 생겼을 때 부모가 직접 해결을 해주거나 정답을 알려주는 대신, 아이 스스로 그것을 되짚어보는 시간을 갖게 하는 것이지요. 생각을 정리하고 해결 방법이나 표현 방법을 찾아냈을 때, 스스로 부모에게 얘기하도록 이끌어줄 수 있다면 좋을 것입니다.

지명 없는 발언으로 진행하는 수업의 예를 들어보지요. 학생들이 교육용 슬라이드를 보고 느낀 점을 이야기하는 시간이라면, 슬라이드를 보기 전에 '슬라이드를 보고 나서, 자유롭게 자기 느낌을 발표하기'로 원칙을 정해두는 겁니다. 슬라이드를 보여줄 때 집중하지 않아 내용을 파악하지 못하면 나중에 의견을 발표할 수 없기 때문에, 의견을 발표하고 싶어 하는 아이들은 슬라이드를 보면서 열심히 자기 생각을 정리합니다.

슬라이드가 끝난 다음 선생님이 '자, 모두들 어떤 생각이 들었나요?' 하면, 누구든 자기 의견을 정리한 사람이 먼저 일어나 발표를 하는 겁니다. 선생님이 '아무개, 아무개' 하며 누군가를 지적하지 않아도 말이지요. 발표할 사람이 여럿일 땐 가장 먼저 일어난 사람에게 발언권이 주어지므로 누군가 먼저 말을 시작하면 다른 사람은 자리에 앉아야 합니다. 먼저 일어선 아이의 발표가 끝나면 다시 누구든 일어나서 의견을 말합니다. 결국은 모든 아이들이 스스로 발언할 기회를 갖고 자기 생각을 말할 수 있지요.

소극적인 아이들은 억지로 시키지 않으면 좀처럼 의견을 발표하지 않으려고 하는데, 아이들이 주체적으로 발표하면 수업이 활기를 띠면서 잘 나서지 않던 아이들도 적극적인 생각을 갖습니다. 또 적극적으로 자기 의견도 표현하고 싶어지면, 집중력도 높아질 뿐 아니라 자기 생각을 정리하는 데에도 요령이 생기지요.

특히 지명 없는 발언은 학교 수업처럼 여러 명이 함께할 때 큰 효과를 볼 수 있는데, 그 이유는 아이들의 발언 기회가 늘어나면 쏟아지는 정보량도 많아지기 때문입니다.

회사에서 진행하는 회의에서 그런 것처럼, 수업 시간에도 처음 발언을 시작할 때는 대개 대수롭지 않은 의견만 나오기 마련입니

다. 하지만 시간이 흘러 발언 수가 많아지면, 의견을 주고받는 가운데 내용이 점점 다듬어지고 질이 높아집니다. 자유로운 토론으로 아이디어를 이끌어내는 브레인스토밍을 할 때에도 그렇지만, 결국 발언의 양이 최종적인 질을 결정하지요.

지명 없는 발언의 방식을 적용한 수업이나 대화 상황에서는, 아이가 직접 판단을 내리고 나서지 않으면 영영 자기 의견을 표현할 기회를 갖지 못합니다. 따라서 소극적이었던 아이도 분위기에 적응해 자주적으로 발표하는 태도를 갖추게 됩니다. 이것은 아이들의 주체성을 확립하는 데에도 큰 도움을 주지요. 물론 학생들이 적극적으로 발표하는 것이 중요하지만, 발표할 때 올바른 자세가 무엇인지 알고 있는 것도 아주 중요합니다.

올바른 발표 자세

1. 다른 사람이 발표할 때에는 말하는 사람을 보면서 듣습니다.
2. 자기가 발표할 때는 다른 학생들의 얼굴을 보면서 말합니다.
3. 시키지 않아도 스스로 나서서 자기 생각을 발표합니다.
4. 의견을 발표하지 않은 사람에게 기회를 양보합니다.
5. 가급적이면 기발한 아이디어를 자기 입으로 발표합니다.
6. 듣는 사람이 내용을 알아들을 수 있도록 크고 또박또박하게 말합니다.

아쿠타가와상 작가인 후지와라 도모미藤原智美 씨가 쓰치도 초등학교에 찾아와 수업을 참관했을 때였습니다. 그는 지명 없는 발언의 수업 방식을 지켜보고는, "아이들은 서로 양보하기 싫어할 텐데, 아무런 제지도 하지 않으면 아이들 사이에 갈등이 생겨 발표할 기회를 얻지 못한 아이가 상처를 받게 되지는 않나요?" 하고 염려했습니다.

하지만 질문에 대한 답변은 앞에서 언급한 '올바른 발표 자세' 안에 담겨 있습니다. '의견을 발표하지 않은 사람에게 우선적으로 기회를 준다'는 것을 강조하고 있지요. 지명 없는 발언으로 진행하는 수업은 단지 의견을 발표하는 것으로 끝나는 것이 아닙니다. 수업 시간에 다른 사람을 생각하지 않고 자기 말만 하려는 아이가 있을 경우에는 선생님이 주의를 줍니다.

지명 없는 발언이라는 수업 방식은 도쿄 신가시 초등학교의 스기부치 데쓰요시 선생님이 고안해낸 것인데, 어느 방송국의 다큐멘터리 프로그램을 통해 지명 없는 발언으로 진행되는 실제 수업이 공개된 적이 있었습니다. 그때 한 아이가 세 번을 연이어 발표하자, 스기부치 선생님이 '남의 의견도 들어야 더 다양한 의견을 나눌 수 있다'고 꾸짖는 것을 볼 수 있었습니다. 아이들은 그런 경험을 통해 토의란 다른 사람과의 관계에서 비롯되는 것이라는 사실을 조금씩 깨닫습니다.

쓰치도 초등학교에서는 지리, 국어, 도덕 등 과목의 특성과 적합할 경우에는 지명 없는 발언으로 수업을 진행합니다. 교사는 아이들의 발언이나 의견을 하나도 빠짐없이 칠판에 적습니다. 그렇게 하면 논점이 명확해져 논의하는 내용이 더욱 깊어지지요.

포기하지 않는 연습

어떤 그리스 철학자는 '사는 것이 중요한 게 아니라 잘 사는 것이 중요하다'고 말했습니다. 나는 이 말을 '꿈을 간직하고 그 꿈을 이루기 위해 노력하며 보람을 느낄 때, 삶이 비로소 가치를 지닐 수 있다'는 뜻으로 해석합니다.

　그렇다면 꿈을 간직하고 그것을 이루려면 어떻게 해야 할까요? 물론 꿈이 무엇인지에 따라 각기 다른 노력이 필요하겠지만, 나는 무엇보다도 역경을 헤치고 나아가는 강인한 정신력이 우선해야 한다고 생각합니다.

누구든 이루기를 바라거나 이루어지기를 바라는 꿈을 가질 수는 있습니다. 그러나 꿈을 가진 사람들 모두가 꿈을 실현하는 과정에서 마주치는 크고 작은 장애물을 극복할 수 있는 강한 정신력을 가진 것은 아닙니다. 웃으면서 즐겁게 할 수 있는 일이라면 누구든지 하겠지요. 하지만 누구나 쉽게 할 수 있는 일을 꿈꾸는 사람은 없을 것입니다. 더군다나 그것을 할 수 있게 되었다고 꿈을 이루었다고 말하는 사람은 더더욱 없을 테지요.

꿈이란 누구나 이룰 수 있는 것이 아닙니다. 꿈을 이루는 길에는 반드시 역경도 있기 때문입니다. 사람들은 대부분 역경 앞에서 몸을 웅크립니다. 하지만 무릎을 꿇지 않고 역경을 이겨낸 사람은 꿈을 이룰 열쇠를 손에 쥡니다. 그렇기 때문에 꿈을 달성한 사람에게는 그렇지 못한 사람들에게는 없는 매력이 넘쳐흐르는 것이지요.

아이들 앞에는 꿈에 도달하기까지 가야 할 긴 여정이 펼쳐져 있습니다. 아이들이 앞으로 자신의 꿈을 향해 나아가다 보면 힘에 부치는 가파른 언덕길이나 걸림돌과 벽을 만나게 될 것입니다. 그럴 때 과감하게 나아갈 힘을 얻기 위해서는, 어릴 때부터 일부러라도 역경에 부딪치고 그것을 극복하는 경험이 필요하다고 생각합니다. 그렇게 어려움을 이겨내는 과정을 통해 '하면 된다'는 경험을 쌓은 아이는 그렇지 못한 아이에 비해 훨씬 더 강한 정신력을 가질 수 있기 때문입니다.

그런데 최근에는 학교에서도 아이들을 손쉬운 방법으로만 지도하려는 경향이 있는 듯합니다. 체육 수업도 사정은 마찬가지입니다. 선생님은 아이들이 힘들어하거나 하기 싫어하는 것은 피해가거나 시키지 않으려 하지요. 그러나 나는 체육 시간이야말로 역경에 굴하지 않고 끊임없이 도전해 극복하는 것을 가르쳐주기 좋은 기회라고 생각합니다. 안 된다고, 또는 힘들다고 포기하고 싶은 일에 여러 번 도전해 성공하는 경험. 어렸을 때 겪는 이런 경험은 세상을 살아가는 데 큰 힘으로 작용합니다.

나는 3, 4학년 학생들이 매트 위에서 마루운동을 하는 것을 본 적이 있습니다. 마루운동은 나도 어느 정도 자신 있는 분야여서, 4학년 학생들의 체육 시간을 무심코 둘러보다가 함께 가르치게 되었습니다.

내가 지도한 것은 선 상태에서 상체를 뒤로 구부려 마루에 어깨는 대고 몸 전체를 구부리는 기술입니다. 선 상태에서 상체를 뒤로 구부리려면 보이지 않는 방향으로 몸을 굽혀야 하는데, 이 동작을 하면서 무섭다는 생각을 하다가는 머리를 부딪칠 염려가 있습니다. 하지만 그런 과정을 극복하지 않으면 절대로 구사할 수 없는 기술이지요. 아이들이 머리를 부딪치는 것은 싫지만 시도도 못 해보는 건 더 싫다는 생각을 가지길 바라는 마음으로 지도를 시작했습니다.

운동을 잘하는 아이가 있는 것처럼 잘하지 못하는 아이도 있기 마련입니다. 특히 여자아이들은 평소에 운동을 별로 하지 않아서인지, 겁이 많아서인지 마루운동을 더 힘들어했습니다. 하지만 나는 여자아이들이라고 해서 운동을 하지 않아도 된다는 생각을 단 한 번도 해본 적이 없었기 때문에, 여자아이들에게도 남자아이들과 똑같이 하라고 했습니다.

뒤구르기를 배우는 도중 몇몇 여자아이가 울음을 터뜨렸습니다. 눈물을 보이면 선생님이 더 이상 강요하지 않을 것이라는 생각을 했던 모양입니다. 많은 선생님들이 그런 이유로 아이 앞에서 약해지기도 합니다. 하지만 나는 한걸음도 물러서지 않았습니다. 선생님이 꾸지람을 주지 않고 피하는 것이 아이를 더욱 약하게 만들 뿐이라고 판단했기 때문입니다.

"지금까지는 그런 식으로 울면서 힘든 일들을 피해 다녔는지 몰라도, 앞으로는 힘들거나 하기 싫은 일이라고 겁먹고 도망가서는 안 된다."

그런데도 몇몇 아이들은 끝내 성공하지 못했습니다. 그러나 해내고 싶다는 생각에 집에서 연습을 했는지, 이튿날에는 훨씬 나아져 있었습니다. 내가 우연히 마루 운동을 지도하게 된 것은 그렇게 이틀뿐이었습니다. 그런데 그 이틀 만에 남녀 4학년 학생이 모두 몸을 뒤로 구부려 어깨를 매트에 댈 수 있게 되었습니다.

　전날에는 성공하지 못했던 아이들이 다음 날 결국 해냈을 때, 친구들은 박수로 축하해주었고 그 아이는 환하게 웃음을 지었습니다. 그렇게 웃는 얼굴은 적당히 얼버무리려고 지었던 어제의 웃음과는 달라 참으로 산뜻하게 느껴졌습니다.

　요즘 많은 어른들은 아이들이 역경에 부딪치는 것을 보면 그것을 얼른 해결해주지 못해 안달합니다. 또 그런 것들을 피해가려는 아이들을 볼 때에도, 한 번 더 격려하거나 힘을 주는 꾸지람을 하는 대신 아이들의 뜻대로 받아주기 일쑤입니다. 어른들 자신도 아이들에게 싫은 소리를 하거나 아이들을 격려하는 힘든 일을 피해가려고 하는 것인지도 모르지요.

　하지만 아이에게 역경이란 미래를 위해서라도 피하지 말고 반드
시 이겨내야 하는 과정입니다. 역경을 헤쳐 나갈 강한 정신력이 없
으면 꿈을 실현할 의지도 생길 수 없으니까요.

게으름과 거짓말은
눈감아주지 않는다

많은 사람들이 나를 100칸 계산이나 음독만을 강조하는 선생으로 기억합니다. 물론 기초학력을 향상시키는 데 많은 노력을 기울이고 있는 것은 사실이지만, 그런 가운데에서도 선생으로서 내가 더 진지하게 여기는 교육은 사실 인성 교육입니다. 아무리 '읽기, 쓰기, 계산하기'가 중요하다고 하더라도, 올바른 예의범절과 정직한 마음 자세는 절대로 소홀히 여기지 않습니다.

나는 오래전부터 새로 가르칠 아이들을 만나면 세 가지 다짐을 받아내고는 합니다. 첫째는 게으름을 피우지 말 것, 둘째는 다른 사람의 몸과 마음에 상처를 입히지 말 것, 그리고 마지막 셋째는 거짓말을 하지 말 것입니다.

어느 시대 어느 장소에나 공부라면 질색하는 아이들이 있습니다. 그리고 그런 아이들에게는 한 가지 공통점이 있습니다. 그것은 '머리가 나쁘다'거나 '공부 방법을 모른다'는 것이 아니고 '게으르다'는 것입니다.

여러 가지 수단을 강구하면 아이들의 시험 성적은 얼마든지 올릴 수 있습니다. 하지만 계속해서 좋은 성적을 올리는 것은, 선생님의 노력만 가지고는 아무리 애를 써도 어려운 일입니다. 계속해서 좋은 성적을 올리려면 공부하는 아이가 게으름과 맞서 싸울 수 있는 근성을 지니고 있어야 합니다. 그런 토대 위에서 아이 스스로 '이대로는 안 되겠다'는 위기감을 가져야 합니다.

공부에 열심히 몰두하지 않는 아이를 보면, 아이가 자기 처지에 대한 위기감이나 죄책감 같은 것을 거의 느끼지 못하는 것을 알 수 있습니다. 그대로 방치하면 아이는 점점 게을러져 결국에는 진도를 따라가지 못하고, 마침내 수업 시간에 자리를 지키고 앉아 있는 일조차도 고통스럽게 느낄 것입니다.

부모님과 선생님이 게으름을 피우는 아이를 보고도 꾸짖지 않는 것은 분명 잘못입니다. 아이들에게는 '이래서는 안 된다'는 엄한 꾸지람이 필요할 때가 분명히 있습니다. 무조건 부드럽게만 대해서는 아이들의 버릇만 나빠질 뿐입니다. 게으름을 피우는데도 아무에게도 꾸지람을 듣지 않은 아이는 그 자체만으로도 매우 불행하다고 볼 수 있습니다.

물론 아이를 꾸짖는 일은 매우 성가신 일이기도 합니다. 꾸짖는 사람이나 꾸지람을 받는 사람 모두에게 스트레스를 주는 일이니까요. 하지만 그렇기 때문에 그 성가신 일을 할 수 있는 사람은 부모나 교사밖에 없습니다. 부모와 교사는 아이들의 미래에 대해 책임감을 가져야 할 사람들입니다. 그러므로 아이를 꾸짖을 필요가 있을 때 결코 외면해서는 안 됩니다.

아이에게 어떤 문제가 생기면, 우선 숙제를 자주 잊어버리거나 생활 리듬이 깨지는 등 몇 가지 조짐이 보입니다. 그다음에는 자기중심적으로 생각하는 경향을 보이면서, 아이가 다른 사람에게 폐를 끼치기 시작하지요. 이 정도라면 주의를 주어 바로잡을 수 있습니다. 그런데 아이가 낙서를 하거나 물건을 숨기는 일처럼 쉽게 드러나지 않는 잘못을 저지르기 시작한다면, 나중에는 수습하기조차 힘든 사고가 일어날 수도 있습니다.

내가 쓰치도 초등학교에 취임한 첫해, 1학기가 끝날 무렵 화장실에서 낙서가 발견되었습니다. 심하다고 말할 정도는 아니었으나, 아이들의 심성을 바로잡겠다는 목표로 인사와 청소를 지도하는 일에 힘을 쏟고 있던 시기였기에, 그 사건은 매우 유감스러운 일이었습니다. 그래서 곧바로 교사들에게 직접 보여주고 임시 조회를 열어 아이들에게 그 사실을 전하기로 했습니다.

낙서는 사람들의 시선이 미치지 않는 곳에서 벌이는 장난입니다. 그나마 잘못을 한 아이가 정직하게 자신이 했다고 나서면 다행이지만 그런 경우는 흔치 않습니다. 나는 기도하는 심정으로, 각 반 선생님들에게 교실로 가서 아이들에게 물어보게 했습니다.

다행히도 자신이 한 일이라며 정직하게 고백을 하는 아이가 나타났습니다. 화장실에 갔는데, 마침 손에 연필이 있었기 때문에 무심코 낙서를 했다는 것이었습니다.

어떤 아이든지 장난은 어느 정도 칠 수 있습니다. 따라서 낙서를 한 것 자체가 큰 문제는 아닙니다. 중요한 것은 거짓말을 하지 말아야 한다는 겁니다. 솔직하게 자기 잘못을 인정하고 몇 마디 꾸지람을 들으면 됩니다. 꾸지람을 듣는 과정에서 아이들은 선과 악에 대해 배웁니다. 낙서를 한 아이가 솔직히 자기 잘못을 인정한 것은 참으로 다행스러운 일입니다.

등교할 때 인사하는 예절이나 용돈을 쓰는 법, 금지된 장소에 가지 않는 것처럼 아이 주변에는 여러 가지 규칙들이 아주 세밀하게 정해져 있습니다. 나도 학창 시절에는 그랬지만, 규칙은 왠지 갑갑하고 성가신 것으로 느껴지기 마련입니다. 그러나 정해진 규칙들을 지키면 오히려 배우는 아이뿐 아니라 가르치는 부모와 교사 모두가 즐겁고 편안해지며, 아이가 잘못된 길로 나아갈 염려도 없어집니다. 그 반대로 사소한 것이라고 규칙을 하나둘 어기기 시작하면, 죄책감도 점점 더 무뎌져서 결국은 아이가 돌이키기 힘든 사건을 일으키는 데까지 나아갈 가능성이 있습니다.

따라서 거짓말이나 게으름같이 기본적인 생활 태도와 관련이 있는 문제에 관해서는, 큰 잘못으로 발전하지 않도록 작은 잘못부터 잡아주는 것이 부모님과 선생님이 아이의 미래를 위해 책임감을 가지고 해야 할 일입니다.

2장

선생님과 함께하는
공부 습관

입학 전에는
무엇을 해야 좋을까

입학식 날짜가 정해지면, 부모님들은 기대감과 불안감이 교차하는 심정으로 하루하루를 보냅니다. 불과 얼마 전까지만 해도 보육원이나 유치원에 다니던 아이들이 이젠 학교에 다녀야 하니까요. '친구를 잘 사귈 수 있을까?', '공부는 따라갈 수 있을까?', '등·하교는 제대로 할 수 있을까?' 등 손으로 꼽기에도 모자랄 만큼 많은 생각들이 머릿속을 오고갈 것입니다. 그러나 아이들은 부모의 걱정이 무색할 만큼 학교생활에도 적응을 잘하고 친구들과도 잘 어울려 즐겁게 지냅니다.

많은 부모님들이 1학년 선생님들에게 학교에 들어가기 전에 아이들이 무엇을 갖추고 준비해야 하는지를 묻습니다. 여러 가지 중요한 것들이 있겠지만, 나는 그중에서도 특히 두 가지를 얘기하곤 합니다. 하나는 '인사를 할 줄 아는 것'이며, 또 하나는 '풍부한 생활경험을 갖는 것'입니다.

✚ 인사를 잘하는 학생

스스로 인사를 할 줄 아는 아이는 하루가 다르게 친구를 늘려갑니다. 선생님이나 주변 어른들을 통해서도 자연스럽게 대화 요령을 터득합니다. 그러는 가운데 인간관계가 점차 넓어지지요.

아이들이 인사를 잘하게 하기 위해서는 어떻게 해야 할까요? 방법은 간단합니다. 집 주변을 걷다가 아는 사람을 만났을 때, 또는 유치원에 갔을 때 부모가 먼저 인사하는 모습을 보여주면 됩니다. 아이들은 부모의 모습을 보고 배우며 자라는 법이니까요. 그러면 아이들은 그 모습을 보고 흉내를 내지요. 그다음에는 부모가 없을 때도 인사를 하고 상대의 반응을 접하면서 기쁨을 맛보는 것이지요.

✚ 무조건 놀아라

생활 경험이 풍부한 아이로 만들기 위해서는 아이가 부모나 할아버지, 할머니, 친척, 이웃 등 주변 사람들과 끊임없이 접촉하게 해야 합니다. 그러면 아이들은 희로애락의 감정을 직접 경험할 수 있습니다. 수십 년 전만 해도 이런 일은 당연하고 흔한 일이었습니다. 아이들이 집 밖에서 씩씩하게 놀고 집단 속에서 교류를 하면서, 언니들을 통해 자연스럽게 놀이 문화에 적응하는 것 말입니다. 때로는 싸움도 하고, 그 일로 이웃집 아저씨나 아주머니께 꾸지람을 듣기도 하고요. 아이들에게는 이런 환경이 필요한 것이 아닐까요?

홋카이도 대학의 사와구치 도시유키 교수는, 아이가 그런 환경에서 자라다 보면 자신의 감정을 다스리고 상대방의 기분을 헤아릴 줄 알게 되면서, 사회성이나 합리성이 높아지고 뇌의 전두엽이 발달한다고 강조합니다. 그런데 자녀를 적게 두는 요즘에는 집 근처에서 함께 놀 친구를 찾는 일조차 쉬운 일은 아니지요. 하지만 부모님이 조금만 노력하면 아이들이 계절감도 맛보면서 여러 가지 경험을 쌓도록 해줄 수 있습니다.

부모님은 절기에 맞는 축제를 찾아다니면서 아이들을 즐겁게 해줄 수도 있고, 친구들과 인형을 가지고 어울려 놀게 할 수도 있지요. 따뜻한 봄날에는 가족이 함께 하루 동안 여행을 하고, 여름에는 해

수욕을 하거나 삼림욕을 하는 것도 좋을 것입니다. 이런 경험 하나 하나가 아이들의 가슴에 계절감과 더불어 행복한 기억으로 자리를 잡을 것입니다. 그 과정에서 부모 역시 어린 시절에 느꼈던 추억을 되새길 수도 있을 것이고요.

　이런 풍부한 생활 경험은 어휘력을 늘려주고, 아이들이 자기 기분을 잘 표현할 수 있도록 만들어주기도 합니다. 의사소통하는 능력도 키워주기 때문에, 아이들은 국어나 수학 문제를 대할 때에도 자기 경험과 비교할 수 있어 무엇을 묻는지 핵심을 쉽게 파악하지요.

1학년에게 반드시 필요한 공부 습관: 국어 편

학교에 입학한 첫해인 1학년 과정은 기초 학습을 중심으로 수업이 진행됩니다. 부모님들이 보기에 별로 어렵지 않은 내용들이지요. 그래서 그냥 지나치기 쉽습니다. 하지만 아이들이 1학년 때 겪는 학습경험이나 생활 경험은 고학년이나, 심지어는 중학교에 진학할 때까지도 아이들에게 영향을 미치는 경우가 많습니다. 그러므로 학교와 가정에서 특히 깊은 관심을 가질 필요가 있습니다.

해마다 1학년 학생들이 입학을 해서 나에게 제일 먼저 얘기하는 것은, '빨리 글자를 쓰고 싶다'는 것입니다. 물론 이미 자기 이름을 한자로 적을 수 있는 아이도 몇 명 있기는 합니다(우리나라에서 대부분의 아이들이 한글을 배우고 학교에 가듯이, 일본에서는 아이들 대부분이 히라가나와 가타카나를 배우고 입학합니다. 하지만 일본어는 한자를 함께 쓰기 때문에, 한자를 쓸 수 있어야 글을 쓴다고 할 수 있지요. 그래서 일본 학생들은 학교에서 단어나 글자를 배울 때 한자를 중심으로 학습합니다 ─ 옮긴이). 이름을 쓸 줄 아는 아이든 쓸 줄 모르는 아이든, 1학년 아이들은 대부분 글자를 배우는 것을 정말로 즐겁게 생각합니다.

글자를 적을 수 있다는 것은 참으로 대단한 일이지요. 인류의 역사도 글자를 발명했기 때문에 기록으로 남아 지금까지 전해 내려올 수 있었던 것이니까요. 그렇기 때문에 나는 1학년 학생들이 그런 말을 할 때 큰 감동을 받습니다.

그러나 글자 쓰는 것을 배우기 전에 익혀야 할 더 중요한 것이 있습니다. 다름 아닌 '올바른 필기 방법'입니다. 학습을 처음 시작하는 1학년 때는 학습량이 많지 않기 때문에, 얼마나 많은 글씨를 아는가보다 어떻게 글씨를 쓰는가가 더 중요합니다. 연필은 올바르게 쥐고 쓰는가? 글씨를 쓸 때, 손가락 움직임에는 문제가 없는가? 올바른 자세로 앉아서 쓰는가? 이런 것들은 글씨를 쓰기 시작하는 1학년 때가 아니면 효과적으로 습관을 들이기가 어렵습니다. 뿐만 아니라 이때 필기법이 잘못 자리 잡으면, 오랜 시간 필기를 하거나 학습하는 것이 힘들어지기 때문에 학습량이 많아질 경우에는 아이가 어려움을 겪을 수 있습니다.

어른들 중 과연 몇 명이나 연필을 올바르게 쥐고 필기를 할까요? 의외로 많은 어른들이 필기를 할 때 올바르게 연필을 쥐지 못합니다.

얼마 전이었습니다. 레스토랑에 식사를 하러 갔는데, 식당 안에 빈자리가 없어 나는 입구에 놓인 대기자 명단에 이름을 적어놓고 기다리고 있었습니다. 내가 앉은 자리 앞에 대기자 명단이 있었기 때문에, 나는 이름을 적는 사람들을 주의 깊게 살펴볼 수 있었지요. 그런데 내가 지켜보는 동안 연필을 올바르게 쥐는 사람이 단 한 명도 없더군요. 모든 사람이 제각각 다른 방식으로 연필을 잡는 것을 보고 새삼 놀라지 않을 수 없었습니다. 모두 처음 연필을 쥐었을 때 올바르게 익히지 못했기 때문입니다.

모범을 보여야 할 어른들이 이 정도이니, 아이들에게 올바르게 연필 잡기를 기대하기는 힘들지요. 아동 필기법 연구소의 다카시마 소장도 많은 어른들, 심지어 선생님조차도 연필을 올바르게 쥐지 못한다며 안타까워했습니다.

연필을 올바르게 쥐지 않으면 맵시 있게 글씨를 쓸 수 없습니다. 집게손가락의 힘을 연필로 잘 전달할 수 없기 때문입니다. 또 연필을 잘못 쥔 상태로 쓰기를 계속하면 손가락이 쉽게 피로해지고, 원하는 대로 연필이 움직이지 않아 스트레스도 쌓입니다. 그러면 결

올바르게 연필 쥐는 법

엄지손가락은 집게손가락 아래로 내려가지 않는다.

연필 축은 엄지손가락과 집게손가락이 만나는 지점까지 다가가지 않는다.

가운뎃손가락과 넷째 손가락은 가볍게 구부린다.

엄지손가락은 가볍게 굽힌다.

연필은 B나 2B를 사용하자.

이런 자세는 고치자

 가운뎃손가락도 연필 위로 올린다.

 집게손가락에 지나치게 힘을 주어 반대로 휘어진다.

 연필을 세워 엄지손가락을 편평하게 한다.

 집게손가락 끝이 엄지손가락으로 뒤덮인다.

 엄지손가락을 집게손가락 안으로 넣는다.

 엄지손가락과 집게손가락이 붙어 있다.

올바르게 연필 쥐는 법의 정의

연필을 쥘 때 다섯 손가락의 관절과 손목을 포함한 모든 관절이 자유롭게 움직이고, 손과 어깨에 쓸데없는 힘이 들어가지 않아 어떤 글자든 편안하게 쓸 수 있을 때, 올바르게 연필 쥐었다고 말할 수 있다.

'아동 필기법 연구소' 작성

국 장시간 학습을 할 수 없는 결과로 이어지지요.

✚ 올바른 손가락 움직임

연필을 올바르게 쥐었어도 손가락이 정확하게 움직이지 않으면 역시 맵시 있고 편안하게 글씨를 쓸 수 없습니다.

글씨를 잘 쓰지 못하는 아이를 관찰해보면, 쓰는 도중에 손목이나 어깨를 움직거리는 걸 알 수 있습니다. 글자 하나를 쓰는 동안에는 손목이나 어깨는 움직이지 말아야 합니다. 또 무리 없이 손가락을 다루지 않으면 안 됩니다. 아이가 아무리 글씨 쓰기 연습을 해도 나아지는 기미가 보이지 않는다면, 손가락을 어떻게 사용하는지 주의 깊게 살펴봐야 합니다.

✚ 올바른 자세

또 중요한 것은, 필기를 할 때 의자에 올바른 자세로 앉아 있어야 한다는 겁니다. '등을 굽히고 글자를 쓰면 고양이 척추처럼 된다'는 말을 들어본 적이 있는지요. 노트를 바로 코앞에 대고 보느라 책

올바른 자세

1. 몸의 중심 = 책상 바닥이 배꼽 위치와 일치하도록 의자에 앉는다.

2. 바닥에 발바닥 전체가 확실히 닿을 수 있도록 한다.

3. 등줄기가 굽어지지 않도록 위로 뻗는다.

4. 책상과 몸이 조금 떨어지도록 앉는다.

5. 팔꿈치가 책상 위로 올라가지 않도록 한다.

6. 왼손은 오른손보다 낮은 위치에 둔다.
   (왼손잡이는 오른손을 왼손보다 낮은 위치에 둔다.)

'아동 필기법 연구소' 작성

상에 거의 닿을 정도로 고개를 숙이고 글씨를 쓰는 아이들이 많습니다. 어떤 여자아이들은 자기 머리카락으로 커튼을 만들어버리는 경우도 있습니다. 이런 자세는 척추뿐 아니라 시력에도 좋지 못한 영향을 미칩니다. 그러므로 이런 자세는 부모나 교사가 눈에 띄는 즉시 아이에게 주의를 주어야 합니다.

그리고 많은 글자를 적을 때는 노트를 조금씩 움직이면서 써야 합니다. 그런데 아이들 중에는 노트는 그대로 둔 채, 자기 몸을 움직이거나 책상 끝까지 손을 뻗어 글을 쓰는 아이들이 있습니다. 이런 자세는 아이들이 글씨 쓰기 연습을 하거나 긴 문장을 적을 때 종종 나타나는데, 이렇게 필기를 하면 당연히 자세가 무너지고 글씨도 비뚤어지게 됩니다. 게다가 자세를 유지하기 힘들어 집중력도 떨어뜨리지요.

아이가 오른손잡이일 경우에, 글씨를 쓸 때 몸의 중심보다 조금 오른쪽으로 치우치는 지점에 연필 끝을 놓아야 합니다. 그러므로 부모님은 아이가 그 지점을 벗어나지 않게 주의를 기울여주세요. 아이의 필기 자세는, 주변에서 아이가 글을 쓰는 것에 늘 관심을 기울이고 수시로 교정해줘야 고칠 수 있습니다.

물론 초등학교 고학년이나 중학생이 되어서도 필기법을 바르게 교정할 수는 있습니다. 하지만 앞에서도 말씀드렸듯이, 처음 학습을 시작하는 1학년 때 잡아주는 것이 가장 좋습니다.

만약 부모님 역시 연필 쥐는 법이나 글씨 쓰기에 자신이 없다면, 아이와 함께 필기법 교정에 도전해보는 것도 괜찮은 방법일 것입니다. 그렇게 하면 훨씬 더 큰 효과를 얻을 수 있을 테니까요.

✚ 필기법 교정 도구를 사용

쓰치도 초등학교에서는 올바른 필기법을 교육하는 데 그치지 않고, 아이들의 필기법을 바로잡기 위한 교정 도구를 사용하고 있습니다.

자기만의 필기법이 이미 어느 정도 굳어진 경우에는, 올바른 필기법을 듣고 배워도 쉽게 고쳐지지 않습니다. 말로 설명을 들을 때는 이해하지만, 막상 필기를 하거나 공부를 할 때, 학습 내용에 집중하다 보면 올바른 필기 자세에 신경 쓰기 어렵지요. 그렇다고 아이가 잘못 쓸 때마다 교사가 아이에게 주의를 주고 학습의 흐름을 끊으면 오히려 역효과를 낼 수 있습니다. 그럴 때는 필기법 교정 도구가 도움이 되지요.

또 올바르게 연필을 쥐지 못하는 아이는 잘못된 방향으로 손가락 근육이 발달해 있을 가능성이 큽니다. 그래서 손가락 근육이 올바르게 발달하기까지는 교정 도구를 사용하는 편이 좋습니다.

교정 도구를 언제까지 사용할 것인가 하는 질문도 생길 수 있습니다. 개인마다 차이는 있겠지만, 대개는 의식하지 않고도 올바르게 쥘 수 있을 때까지 사용합니다. 올바르게 손가락을 사용하기 위해서는 날마다 여러 차례 연습하는 것이 좋지요.

음독을 할 때는
감정을 싣는다

앞에서 얘기했듯이, 음독이란 소리를 내어 읽는 것을 말합니다. 수업 시간에는 경우에 따라 큰 소리 내어 읽기, 작은 소리로 읽기, 속으로 읽기 등을 섞어서 진행하는데, 보통 소리 내어 읽기를 할 때가 가장 많습니다. 소리 내어 읽기는, 앞에서 소개한 도호쿠 대학의 가와시마 류타 교수의 뇌 생리학 연구 결과와 같이 뇌를 활성화시키는 방법 가운데 하나이기도 하지요.

일반적인 음독 학습으로는 국어 교과서 읽기를 들 수 있습니다. 하지만 그 밖에도 틈나는 대로 소리 내어 읽을 만한 것들은 얼마든지 있습니다. 예를 들어, 수학 문제나 가사도 소리 내어 읽으면 내용을 더 빨리 이해하고 느낌도 더 잘 전달할 수 있지요.

소리를 내지 않고 조용히 눈으로 읽는 묵독이나, 자기한테만 들릴 정도로 작은 목소리로 읽는 음독이 필요한 경우도 있습니다. 예를 들어, 여럿이 함께 음독을 할 때 먼저 한 번 음독을 한 사람은 다른 친구들이 음독을 할 동안 작은 목소리로 음독하는 것이 좋습니다. 한 번 음독을 한 아이가 계속해서 큰 소리로 읽으면 다른 아이가 음독을 하는 데 방해가 됩니다. 그렇다고 소리 내지 않고 읽는 묵독을 하면, 나중에 읽는 아이는 자기 목소리만 들려서 당황할 수 있습니다. 작은 목소리로 음독을 계속하면 자신은 거기에 집중하므로 다른 생각을 하지 않을 수 있고, 늦게 읽는 다른 아이도 방해받지 않고 음독을 할 수 있어서, 여러 명이 함께 할 때도 마지막까지 집중해서 음독 연습을 할 수 있습니다.

특히 저학년들은 음독을 할 때 '감정 넣어 읽기'를 하는 것이 좋습니다. 감정 넣어 읽기란 글을 읽을 때 글자 읽는 데에만 신경 쓰는 것이 아니라, 머릿속으로 내용을 생각해 그 느낌을 표현하면서 읽는 것을 말합니다. 즉 주인공의 기분을 목소리에 싣기도 하고, 기쁜 장면에서는 큰 소리로 목청껏 읽기도 하고, 슬픈 장면에서는 가라앉은 목소리로 조용히 감정 표현을 하는 등 실감나게 읽어나가는 것이지요. 이런 식으로 읽으면 내용을 이해하기도 훨씬 쉬워지고, 기억도 오래가지요.

부모님은 집에서 아이가 소리 내어 읽기를 할 때는 되도록 곁에서 들어주세요. 식사를 준비해야 한다면, 그동안 아이에게 식탁에 앉아서 읽도록 하는 것도 괜찮을 것입니다. 혼자 읽는 것과 누군가 들어주는 사람이 있는 것은 확연히 다릅니다. 특히 저학년 아이들에게는 더더욱 그렇지요. 누군가 자기가 읽는 것을 듣고 있다고 생각하면, 긴장감이 생기고 목소리에 힘이 실립니다.

또 아이가 읽은 다음에는 반드시 "특히 이 부분에 느낌이 살아 있어 좋았어" 같은 칭찬을 곁들여주세요. 부모가 귀 기울여 들어주고 관심을 갖고 평가해주었다는 사실은, 아이에게 엄청난 재미와 자신감으로 돌아갑니다. 그러다 보면 실력도 부쩍 늘고, 음독하는 습관도 몸에 밸 수 있지요.

또 일기나 글을 썼을 때는, 아이에게 다 쓴 다음에 한번 소리 내어 읽게 하는 것이 좋습니다. 다른 사람 앞에서 읽기를 꺼린다면 혼자서라도 꼭 읽어보도록 해주세요. 쓸 때는 미처 몰랐던 실수를 아이가 스스로 알아차리도록 하는 데 도움이 되니까요. 그렇게 스스로 깨달으면, 아이들은 누군가가 잘못을 지적해줄 때보다 훨씬 흡족한 마음으로 틀린 부분을 고칠 수 있거든요.

사전 찾기를
게임처럼

대다수 학교에서는 3, 4학년 때부터 사전 찾는 연습을 시작합니다. 나 역시 처음에는 1, 2학년 학생들에게 빼곡하고 무거운 사전을 찾게 하는 것은 무리가 아닐까 하는 생각을 하기도 했지요.

하지만 '사전 찾기'는 단순히 단어를 찾아 어휘력을 늘리는 훈련만은 아닙니다. 모르는 것을 스스로 찾아 깨달아가는 적극적인 공부 습관을 만드는 과정이지요. 따라서 가능하면 아이가 사전 찾기를 빠른 시기에 시작하는 것이 좋습니다.

그뿐만 아니라 아이에게 사전을 찾는 일이 고역스럽고 지겨운 일이 아니라 흥미롭고 재미있는 작업이라는 인식을 심어주려면, 오히려 아이가 1, 2학년 때 시작하는 것이 훨씬 더 효과적입니다. 다만 아직 '공부'보다 '놀이'를 더 좋아하는 아이들이기에, 수준에 맞는 사전 찾기 학습 방법이 필요하기는 합니다.

쓰치도 초등학교에서는 1학년 때부터 함께 사전을 찾아 소리 내어 읽는, '사전 찾기 수업'을 진행하고 있습니다. 처음에는 수업을 진행하는 데 적잖이 애를 먹었습니다. 사전에는 ㄱㄴㄷ순으로 단어가 정리되어 있다는 것도 이해하지 못하는 아이들이 대부분이었고, 심지어는 사전을 처음 만져보는 아이들도 많았기 때문이지요. 그래서 처음 얼마 동안은 아이들이 홍수처럼 쏟아내는 질문 때문에 단어 하나를 찾는 데만 10분도 넘게 걸리기도 했습니다.

하지만 수업을 끌어가느라 진땀을 흘리며 허둥거리는 나와는 대조적으로, 아이들은 '너무 재미있어요!', '선생님, 좀 더 해요.' 하며 흥미를 보였습니다. 어른들은 사전이 1학년 아이들에게 부담스럽지 않을까 우려했지만, 오히려 아이들에게는 사전이 의미를 알고 싶은 단어는 무엇이든 알려주는 마법의 책으로 느껴져 첫 만남이 퍽이나 신기했던 모양입니다.

사전 찾기 수업을 진행하면서, 나는 어떻게 하면 아이들이 사전 찾기를 귀찮은 일로 받아들이지 않고 재미를 붙일 수 있을지 나름대로 이런저런 방법을 생각하고 실천해봤습니다. 그 결과 가장 효율적인 훈련 방법은, 스스로 알고 싶은 단어를 찾아보게 해주는 것이더군요. 물론 어느 정도 익숙해질 때까지는 부모님이나 선생님이 함께해주는 과정이 필요하지만요.

사전 찾기 놀이는 여러 명이 함께 할 수도 있고, 혼자서 할 수도 있습니다. 여러 명이 함께 할 때는 모두 같은 사전을 가지고 있어야 합니다. 그래야 공평하기도 하고, 음독을 함께 할 수 있기 때문이지요. 다음과 같은 단계를 밟아 사전을 찾는다면, 아이들이 사전 찾기를 놀이처럼 생각해 사전과 쉽게 친숙해질 수 있습니다.

1단계: 찾을 단어의 머리글자를 정해줍니다.

사전은 ㄱㄴㄷ순으로 정리되어 있습니다. 이 순서에 익숙하지 않은 아이에게는 찾을 단어를 불러주기 전에 단어의 첫 자음을 얘기해주는 것이 좋습니다. 그러면 찾을 단어의 범위가 좁아지기 때문에 부담이 줄어들지요. 하지만 아이가 이미 ㄱㄴㄷ순에 익숙해져 있다면 이 단계는 생략해도 좋습니다.

2단계: 찾을 단어를 출제합니다.

아이들은 이 과정부터 놀이로 여길 수 있습니다. 아이들에게 찾을 단어를 바로 말해주는 것도 나쁘지는 않지만, 퀴즈 같은 놀이의 형태를 띠면 아이들이 사전 찾기에 재미를 붙이는 데 큰 도움이 됩니다.

예를 들어, '해돋이'라는 단어를 찾을 때 단어를 그대로 말할 수도 있겠지만, '해가 막 솟아오르는 모습은?' 하고 퀴즈를 내 아이들이 출제된 단어를 맞히고 사전을 찾게 하는 식이지요. 또 '손뼉'이라는 단어를 찾을 때는 말없이 손뼉을 치는 모습을 보여주는 것도 방법이고요. 이처럼 조금만 재미를 더해줘도 아이들은 사전 찾기에 매우 흥미를 가질 수 있습니다.

3단계: 사전에서 단어를 찾으면 일어서서 소리 내어 읽습니다.

찾을 단어가 정해지면 사전을 뒤적거립니다. 여러 명이 함께 사전 찾기를 하는 경우라면, 모두 동시에 사전을 찾기 시작합니다. 그러다가 단어를 찾으면 먼저 찾은 아이부터 일어서서 의미를 소리 내어 읽습니다. 다 읽은 다음에도 다른 아이들이 찾는 동안 같은 부분을 작은 소리로 되풀이해 읽습니다. 모든 아이들이 다 같은 시간 안에 찾는 것은 아니어서 잘 못 찾는 아이들에게는 도움이 필요할 때도 있습니다. 모두 다 찾으면 다 함께 한 번 더 음독을 합니다.

가정에서 아이와 부모님이 함께하는 경우에는, 부모님은 아이가 단어를 찾은 뒤 혼자서 두세 번 소리 내어 읽도록 하면 됩니다. 물론 이때도 아이가 감정을 넣어 읽는 것이 좋습니다.

4단계: 단어를 찾은 쪽에 종이쪽지를 붙입니다.

사전으로 단어를 찾으면 해당 쪽에 종이쪽지를 붙입니다. 이렇게 하면 사전 찾기를 할 때마다 종이쪽지가 늘어나니까 아이들이 스스로 얼마나 많은 단어를 찾았는지 한눈에 알 수 있지요. 저학년 아이들에게는 시각적 효과가 주는 영향이 매우 큽니다. 종이쪽지가 늘어날수록 아이들은 커다란 성취감을 맛볼 수 있지요.

5단계: 스스로 찾고 싶은 단어를 찾습니다.

아이가 어느 정도 사전 찾기에 익숙해진 다음에는, 부모님이나 선생님이 찾을 단어를 출제하기보다 스스로 알고 싶은 단어를 찾게 하는 것이 더 좋습니다. 궁금한 단어가 생겼을 때 아이가 수시로 사전을 뒤지고, 찾은 다음에는 종이쪽지를 붙이면 됩니다.

부모님이나 선생님은 이때 100장씩 묶어놓은 종이쪽지를 나눠주고, 그것을 다 쓰고 나면 아이가 새로운 종이쪽지 다발을 받아가도록 합니다. 그렇게 하면 아이뿐 아니라 부모님이나 선생님도 아이가 사전 찾기를 얼마나 했는지 바로 알 수 있지요. 아이들 중에서 빠른 아이는 하루에 한 다발, 그러니까 100장을 모두 붙이는 아이도 있더군요.

날마다 하세요.

이따금 하는 것과 날마다 하는 것은 공부 습관이 자리 잡는 데 엄청난 차이를 보입니다. 당연한 얘기겠지만, 날마다 연습하는 것이 가장 효과적이지요. 이따금씩 긴 시간 동안 연습하는 것보다 조금씩이라도 매일 연습하는 것이 더 좋습니다.

사전을 늘 책상 위에 펼쳐두세요.

사전은 책꽂이에 꽂아놓는 책이 아닙니다. 서랍에 넣어두어도 안 됩니다. 사전은 늘 책상 위에 올려놓아야 합니다. 알고 싶은 단어가 있을 때에는, 아이가 언제라도 금방 펼쳐서 찾아볼 수 있어야 합니다. 아이가 손을 뻗기만 하면 사전이 잡히는 환경에 있을 때에는 자연스레 사전 찾는 횟수가 늘어납니다.

종이쪽지
진급 시스템

'종이쪽지 진급 시스템'이란, 한번 사전 찾기에 재미를 붙인 아이들이 그 흥미를 잃지 않고 지속해 나가도록 하기 위해 고안한 것입니다.

단어를 찾은 후 사전에 붙이기 위해, 아이들은 100장씩 종이쪽지 다발을 받습니다. 단어 100개를 찾아 한 다발을 모두 붙이고 나면 선생님께 찾아와 새로운 종이쪽지 다발을 받아가게 되는데, 이때 간단한 진급 테스트를 거치지요. 테스트라고는 하지만 선생님이나 부모님이 출제하는 단어를 그 자리에서 한번 찾아보는 정도로, 어렵지 않은 게임 같은 것입니다. 그러나 종이쪽지의 다발 수가 늘어날 때마다 난이도는 올라가는 것이 좋겠지요.

이런 방법을 통해 아이들은 게임처럼 사전 찾기를 즐기게 되고, 그러는 동안 자기도 모르게 어휘력과 자신감이 늘어갑니다. 선생님이나 부모님도 아이들의 사전 찾기 능력이나 어휘력 향상을 한눈에 확인할 수 있으니 뿌듯할 따름이지요.

진급 테스트를 할 때에는 다음과 같은 단계를 참고하세요.

두 다발: 15초 안에 두세 글자 정도의 간단한 단어. 예: 나물
세 다발: 10초 안에 두세 글자 정도의 간단한 단어. 예: 강아지
네 다발: 10초 안에 네 글자 정도의 간단한 단어. 예: 해바라기
다섯 다발: 10초 안에 글자가 많은 단어.예: 높은음자리표
여섯 다발: 10초 안에 들어본 적이 없는 간단한 단어. 예: 둔치
일곱 다발: 10초 안에 들어본 적이 없는 어려운 단어. 예: 시나브로
여덟 다발: 10초 안에 들어본 적이 없는 긴 단어. 예: 거추장스럽다
아홉 다발: 5초 안에 두세 글자 정도의 간단한 단어. 예: 고양이
열 다발: 5초 안에 네 글자 정도의 간단한 단어. 예: 살랑살랑

그다음 단계부터는 5초 안에 글자 수에 제한 없이 각종 단어를 찾습니다. 종종 진급을 하지 못하는 경우도 있긴 하지만, 아이들은

한번 재미를 붙이면 몇 번이라도 과감하게 도전합니다. 그리고 시험을 통과하고 나면 '이겼다'는 표정을 지으며 환한 얼굴로 종이쪽지를 받아가지요.

요즘에는 '오늘은 그림책을 읽는 시간이지요?' 하고 다른 수업 내용을 이야기하면, '선생님, 사전을 찾아도 되나요?' 하는 아이도 있고, 등교하고 나서 1교시 시작 전까지 사전 찾기를 하고 있는 아이들도 많습니다. 또 집에서도 별도로 사전을 두고 부모님과 함께 사전 찾기 놀이를 하는 아이들도 부쩍 늘고 있고요. 어떤 방식으로든, 사전은 자기 주변에 있는 친숙한 학습 도구라는 사실을, 가급적 빨리 아이 스스로 깨닫게 해주는 것이 좋습니다.

1학년에게 반드시 필요한
공부 습관: 수학 편

대부분 1학년 수학을 떠올리면 가장 먼저 덧셈과 뺄셈을 생각할 것입니다. 1학년 과정에서는 받아 올림, 받아 내림까지 학습합니다. 언뜻 보기에는 너무 간단해 보이는 것들이지요. 하지만 수학이라는 것이, 처음에 배운 내용을 바탕으로 새로운 지식을 배우고, 다시 그것을 바탕으로 해야 또 새로운 것을 배워나갈 수 있는 과목이어서, 1학년 때부터 반복 연습을 제대로 해 근본이 되는 지식을 확실하게 뿌리내려야 합니다. 그러지 않으면 학년이 높아질수록 따라잡기 힘들어지는 과목이 바로 수학이지요. 그 반복 연습 방법으

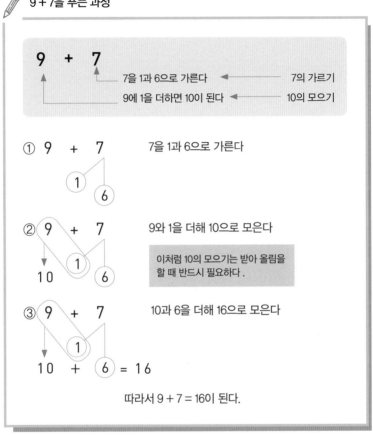

로는 수학에서 가장 기초를 이루는 기본 계산력을 키워주는 100칸 계산이 있습니다.

하지만 아직 학교에 입학하지 않은 어린이나 1, 2학년 학생에게 무작정 100칸 계산부터 시키는 것은 무리가 있습니다. 그렇기 때문에 무작정 시작한 어린아이들은 아무리 많은 연습을 해도 시간을 단축하기가 쉽지 않지요. 그런 아이들은 100칸 계산에 적응하기에 앞서 거쳐야 할 몇 가지 과정이 있습니다.

✚ 더해서 10이 되는 수를 생각한다

'9+7'이라는 계산식을 먼저 봅시다. 이 계산을 암산으로 할 때, 우리 머릿속에서는 어떤 과정들이 진행될까요?

우선 7을 1과 6으로 가른 다음, 그 1을 9에 보태 10을 만들고, 거기에 나머지 6을 더해 16이라는 결과를 만들게 됩니다. 이 과정에서 필요한 능력은 9에 1을 더해 10으로 모으는 능력과 7을 1과 6으로 가르는 능력입니다. 이처럼 숫자를 가르고 모으는 능력이 덧셈과 뺄셈 학습의 바탕이 되는 것이지요.

숫자를 가르고 모으는 연습은 아이가 취학 전에도 할 수 있습니다. 구슬이나 바둑돌을 사용하는 것도 좋습니다. 부모가 구슬을 다섯 개 꺼내 우선 한 개를 손에 집어 들면 아이가 '1과 4'라고 말합니다. 손에 들고 있는 개수와 5로 모으기 위해 필요한 나머지 개수를 생각하는 것이지요. 마찬가지로 두 개를 집어 들고 '2와 3', 세 개를 집어 들고 '3과 2'라고 말하면 됩니다.

엄마와 아이가 함께하는 구슬 개수 맞히기 놀이

구슬 다섯 개를 준비해
(경우에 따라서는 바둑돌
같은 것으로 할 수도 있습니다)

양손으로 감싸 쥔다.

양손에 나누어 쥐고

한쪽 손을 보이고 다른 손에 있는
개수를 알아맞히게 한다.

공부보다는 놀이라고 생각하고,
칭찬도 잊지 않는다.

10개를 준비하면 10을 모으기 · 가르기 연습도 할 수 있습니다.

5로 모으기 (아이 스스로 주판을 사용)

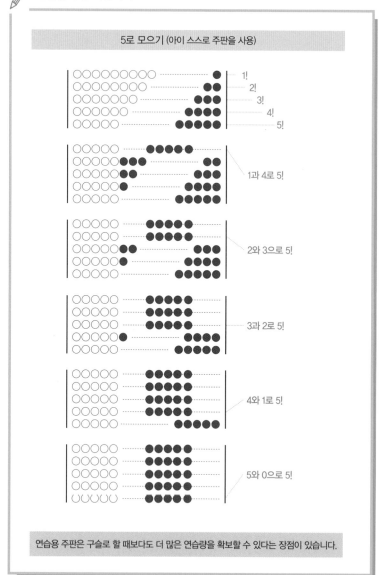

연습용 주판은 구슬로 할 때보다도 더 많은 연습량을 확보할 수 있다는 장점이 있습니다.

10으로 모으기 (아이 스스로 주판을 사용)

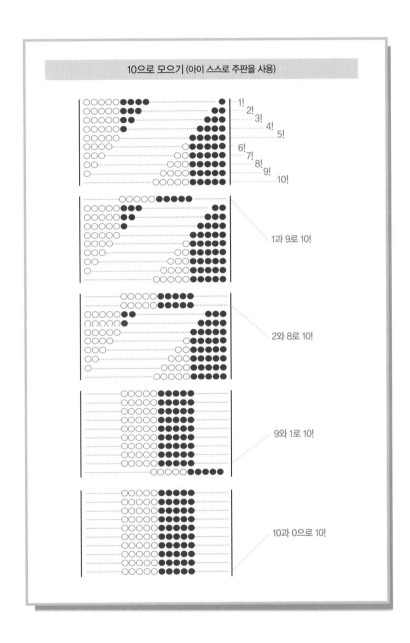

혹은 숫자 연습용 주판을 이용하는 방법도 좋습니다. 아이들이 사용하는 연습용 주판은 보통 10개의 알이 꽂혀 있는 10개의 축으로 되어 있는데, 인터넷이나 문방구에서 쉽게 구입할 수 있습니다.

아이가 구슬이나 주판으로 충분한 연습이 되었다면, 이제 숫자 카드를 사용해 연습해봅시다. 숫자 카드는 숫자가 0부터 10까지 적혀 있는 11장의 카드를 말하는 것으로, 직접 간단히 만들어 사용할 수도 있습니다. 시중에서 판매되고 있는 것 중에는 숫자와 함께 개념을 익혀 주는 그림이 들어 있는 것도 많습니다.

1단계: 숫자 카드를 음독하기

일단 아이가 숫자 카드를 보면서 소리 내어 읽습니다. 이때는 선생님이나 부모님이 반드시 함께 읽어주세요.

처음에는 순서대로 읽는 연습을 합니다. 어느 정도 익숙해지면 아무 카드나 무작위로 뽑아서 읽습니다. 어떤 카드를 보아도 막힘없이 읽을 수 있을 때까지 연습을 합니다.

2단계: 숫자를 가르고 모으는 연습

0부터 5까지의 카드를 이용해 5를 모으기·가르기 연습을 합니다. 예를 들면 '4'가 적힌 카드를 꺼내면 '1'이라고 말하는 식이지요.

5로 모으고 가르는 연습이 충분히 되었다면 0부터 10까지의 카드를 이용해 10을 모으기·가르기 연습을 합니다. 예를 들면 '7'이 적힌 카드를 꺼냈으면 '3'이라고 말해야 합니다.

그런 다음에는 9를 모으고 가르기까지 숫자마다 여러 차례 반복해 연습합니다. 막힘없이 할 수 있을 때까지 반복적으로 연습하세요. 중요한 것은 부모님이 먼저 조급해하지 말고 한 단계씩 차근차근 진행해나가야 한다는 것입니다.

3단계: 간단한 계산 연습

모으기·가르기 연습 말고 기본적인 계산 연습도 가능합니다. 더할 숫자나 뺄 숫자를 정해놓고, 아무 카드나 뽑아서 거기 적힌 숫자에 더하거나 뺀 숫자를 말하는 방식이지요. 예를 들어 '+1'이라고 정했는데, '6'이 나왔다면 '7'이라고 말하는 겁니다. '+3'이라 정했다면 '9'라고 하고, '-2'라고 정했다면 '4'라고 말해야 하지요.

마찬가지로 방식으로 '+1'이라고 정했을 때, 숫자 '1·5·3·4'가 적힌 카드나 나왔다면, '2·6·4·5'라고 읽어야 하고, '-1'이라 정했다면 같은 카드를 봤을 때, '0·4·2·3'이라고 읽어야 합니다.

10칸부터 시작하는
100칸 계산

✚ 계산 카드를 이용한 연습

충분한 연습을 통해 아이가 어떤 숫자든 모으고 가르는 데 어려움을 느끼지 않을 정도가 되었다면, 이제 100칸 계산을 향한 첫걸음을 내디딜 때가 된 것입니다. 하지만 100칸 계산 문제지를 받아 들기 전에 받아 올림이 없는 덧셈과 받아 내림이 없는 뺄셈에서 시작해, 받아 올림과 받아 내림이 있는 덧셈과 뺄셈까지 계산 연습을 충분히 해야 합니다. 이때 도움이 되는 것이 '계산 카드'입니다. 대개 앞면에는 수식이, 뒷면에는 답이 나와 있지요. 저학년 과정에서는 한 자릿수 덧셈(받아 올림이 있는 것과 없는 것), 한 자릿수 뺄셈(받아 내림이 없는 것), 십의 자리가 1인 두 자릿수에서 한 자릿수를 빼는 뺄셈(받아 내림이 있는 것) 정도가 적당할 것입니다.

계산 카드 연습은 날마다 조금씩 시간을 단축하는 것을 목표로 합니다. 아이는 처음에는 받아 올림과 받아 내림이 없는 덧셈과 뺄셈을 연습하다가, 받아 올림과 받아 내림을 배운 다음 다시 카드를 가지고 연습합니다. 계산식을 보자마자 답이 머리에 떠오를 정도로 익숙해질 때까지 반복해야 합니다. 그런 다음 '10칸 계산'으로 넘어갑니다.

✚ 10칸 계산

10칸 계산은 100칸 계산 문제집의 한 행에 해당하는 형식과 분량입니다. 이 정도는 처음 하는 아이들도 부담 없이 도전할 수 있습니다. 단, 아무리 쉽더라도 매번 시간을 재면서 기록 단축에 신경을 써야 합니다.

✛ 25칸 계산

10칸 계산은 분량이 적기 때문에 곧 시간을 더 이상 단축할 수 없는 한계에 도달하게 됩니다. 아이들 중에는 10초 만에 끝내는 아이도 있습니다. 그때쯤 가로, 세로 각각 다섯 칸으로 이루어진 25칸 계산으로 넘어갑니다. 여기까지는 받아 올림이 없는 덧셈만 연습합니다.

✛ 49칸 계산

받아 올림이 있는 덧셈을 학습하고, 충분히 사전 연습을 거친 다음 49칸 계산을 시작합니다. 이것은 가로, 세로가 각각 일곱 칸으로 이루어져 있습니다(세로 10칸, 가로 다섯 칸으로 구성된 50칸 계산도 상관은 없습니다).

이 단계까지 올라왔다면, 아이는 100칸 계산의 절반에 해당하는 분량을 연습한 셈입니다. 여기서부터는 받아 올림이 있는 계산도 들어 있으므로, 아이가 다른 계산 연습도 병행해 확실히 공부해 두는 편이 좋습니다.

✚ 100칸 계산

아이가 받아 올림이 있는 덧셈을 능숙하게 할 수 있게 되었다면, 이제 드디어 100칸 계산을 시작할 때입니다.

처음에는 시간이 많이 걸리는 아이들도 있지만, 아이들은 석 달 정도 매일 반복하다 보면 대부분 처음 시작할 때 걸린 시간을 절반 이상 단축합니다. 집중력도 늘어나 처음에는 산만하던 아이들도 나중에는 몰입할 줄 알게 되지요. 내가 학교에서 100칸 계산을 진행하면, 갑자기 교실이 조용해지면서 연필 움직이는 소리만 들립니다. 날마다 집중적으로 아이들이 이런 학습을 하다 보면, 100칸 계산이 아닌 다른 수업이나 자율 학습 중에도 쉽게 집중할 수 있는 능력이 생깁니다.

맨 처음 숫자를 모으고 가르는 연습에서부터 숫자 카드로 연습하기, 계산 카드로 연습하기, 그리고 나서 10칸, 25칸, 49칸 계산 등의 과정을 거쳐 100칸 계산을 시작하기까지 약 일곱 달 정도가 걸립니다. 물론 이 시간은 쓰치도 초등학교 1학년 과정에서 소요된 대략적인 시간으로, 누구나 같을 수는 없을 것입니다.

어쨌든 중요한 것은 하루도 빠짐없이 시간을 염두에 두고 연습 하는 것이지요. 아이들 중에는 그전에는 아무리 100칸 계산을 연 습해도 시간을 단축하지 못했는데, 이런 과정을 거치자 마침내 2분

안에 100칸 계산 덧셈을 해낸 아이도 많았습니다.

예비 100칸 계산 과정의 문제는 책 뒤쪽에 부록으로 실어놓았습니다.

3학년에게 반드시 필요한
공부 습관

초등학생이 저학년을 벗어나기 전에 반드시 몸에 익혀야 할 것들부터 짚고 넘어가는 게 좋겠습니다. 먼저 남이 말할 때는 상대방 눈을 보고 집중해 들을 것, 다른 사람에게 충고나 지적을 들을 때는 진지하게 받아들일 것, 어떤 일을 하더라도 성실한 자세로 임할 것입니다. 학생이 이 세 가지만 지키더라도, 나는 기초적인 학습 능력은 반드시 갖출 수 있다고 봅니다.

내 경험을 바탕으로, 학생들이 과목마다 반드시 익혔으면 하는 내용을 간단히 소개하면 다음과 같습니다.

국어

- 자기 생각을 정리해 또박또박 말할 수 있고, 글로도 표현할 수 있다.
- 새로운 한자를 외우고 그 한자를 포함하는 단어를 이해해, 알맞은 상황에 활용한다.
- 상대가 잘 들을 수 있는 목소리로, 내용을 알아듣기 쉽게 교과서를 읽을 수 있다.
- 글의 핵심과 의미를 이해하고, 요약하는 능력이 있다.

수학

- 구구단을 막히지 않고 술술 읊을 수 있다.
- 두 자릿수가 넘어가는 받아 올림이 있는 덧셈, 받아 내림이 있는 뺄셈을 반사적으로 암산할 수 있다. [자료 1]
- 나누는 수가 두 자릿수 이상인 계산에서 몫을 재빠르게 구할 수 있다. [자료 2]
- 두 자릿수가 넘어가는 숫자를 곱하는 데 시간을 지체하지 않고 처리할 수 있다. [자료 3]
- 문장형 문제를 읽고, 문제를 그림으로 나타내고 계산식으로 바꿀 수 있는 요령을 터득한다. [자료 4]

자료 1

| $17+9$ | | $16-8$ | |

$$33 - 8 =$$
$$47 - 9 =$$
$$65 - 8 =$$

$$\begin{array}{r} 35 \\ +46 \\ \hline \end{array} \qquad \begin{array}{r} 28 \\ +67 \\ \hline \end{array} \qquad \begin{array}{r} 59 \\ +22 \\ \hline \end{array}$$

 자료 2

$$26\overline{)52} \qquad 29\overline{)87} \qquad 16\overline{)80}$$

 자료 3

$$\begin{array}{r} 32 \\ \times \ \ 3 \\ \hline \end{array} \qquad \begin{array}{r} 41 \\ \times \ \ 6 \\ \hline \end{array} \qquad \begin{array}{r} 54 \\ \times \ \ 9 \\ \hline \end{array}$$

자료 4

철수가 다니는 학교의 학생 수는 650명입니다. 5학년 학생 수는 전체 학생 수의 0.2 배라고 합니다. 5학년 학생 수는 몇 명일까요?

사회

- 주요 지역의 명칭을 숙지하고, 위치가 어디인지도 가리킬 수 있다.
- 국내에서 중요한 강, 산맥, 평야를 외우고, 위치도 파악하고 있다.
- 여러 가지 자료, 그래프 보는 방법을 익히고, 그 자료를 바탕으로 앞으로 어떤 일이 일어날지 어느 정도 예측할 수 있다.

과학

- 자연현상에 흥미를 가지고, 자연현상을 관찰하고 기록하는 요령도 가지고 있다.
- 자신이 예상한 것이 옳은지 그른지 판단할 수 있는 실험을 어느 정도 떠올릴 수 있다.

기술

- 톱, 드라이버, 송곳과 같은 공구들을 사용할 수 있다.
- 자신이 생각하고 상상한 것을 그림으로 표현할 수 있다.

체육

- 팔굽혀펴기, 철봉에 매달릴 수 있는 손힘을 키우기, 철봉에 오

래 매달리기를 통해 자기 몸을 지탱하는 방법을 터득한다.

- 공을 받고 원하는 곳에 던질 수 있다. 예전과 달리, 아이들이 부쩍 어려워하는 기술이다.

가정

- 식칼을 사용하고, 쌀을 씻어 밥을 안칠 수 있다. 가스레인지를 켜고 요리해, 식사를 준비할 수 있다.
- 세탁기로 빨래를 돌리고, 빨래를 건조한 다음에는 각을 잡아 갤 수 있다.
- 찢어진 옷을 바늘과 실로 바느질할 수 있다.

음악

- 악보를 보고 음표를 이해하고, 악기를 적어도 하나는 다룰 줄 안다. 음악을 즐길 수 있다.

앞에서 이야기한 학습 능력을 갖추기 위해서는 어떻게 해야 할까요? 몇 가지 과목에 대해 학습 능력을 어떻게 높일 수 있을지 짤막하게 설명해 보겠습니다.

국어

- 책을 일주일에 적어도 한 권을 읽는다. 다 읽고 나서는 어떤 내용인지 친구들이나 부모님에게 설명한다(아이에게 독서 노트를 만들어 기록하는 연습을 시킬 수도 있지만, 글쓰기를 싫어하는 아이에게는 큰 부담으로 작용해 독서를 아예 싫어하게 될 수도 있다).
- 새로운 한자를 학습하기 위해, 새 한자를 포함하고 있는 단어의 예문을 여러 차례 음독한다. 그다음에는 한자를 어떤 순서로 쓰는지 익히면서 확실하게 기억한다.
- 한자를 쓸 때는 한자 노트를 활용해, 글자가 일정한 틀을 벗어나지 않도록 적는다.
- 날마다 국어 책이나 널리 알려진 문장과 표현을 외울 수 있을 때까지 또박또박 소리를 내어 음독한다. 시나 고전 가요처럼 일정한 운율이 있는 문장부터 차근차근 익힌다.
- 다른 사람과 대화를 나눌 때, 남이 말하고자 하는 핵심이 무엇인지 파악하는 습관부터 들인다.
- 담임선생님의 말, 부모님의 말을 듣고 난 다음에는, 핵심을 잘 파악했는지 말한 사람에게 다시 물어본다.

수학

- 두 자릿수의 뺄셈과 덧셈, 두 자릿수 곱하기 한 자릿수, 나누는

수가 두 자릿수인 나눗셈 같은 계산을 재빠르게 처리하기 위해, 계산 카드로 반복해 연습한다.

- 100칸 계산 문제집에 있는 똑같은 문제를 6개월 동안 거르지 않고 계산해 시간을 단축한다. 다른 사람과 경쟁하기보다, 어제의 자신과 비교해 더욱 분발하는 마음을 가진다. 맨 처음에는 자신이 쓴 답과 정답을 비교하면서, 틀린 부분을 확인하고 자신의 약점이 무엇인지 분석한다.

- 간단한 문장형 문제부터 친숙해진다. 이해하지 못한 부분, 궁금한 부분에는 선을 긋는 훈련을 통해, 문제가 뜻하는 바를 선이나 그림으로 표현할 수 있을 때까지 연습한다.

사회

- 단원이 끝날 때마다, 무엇을 배웠는지 노트에 정리한다. 이때 문장은 짧을수록 좋다. 질문을 적고, 모르는 부분은 색깔로 표시하고, 글자의 크기를 키우거나, 그림과 화살표를 그려 학습의 흐름을 한눈에 알아볼 수 있도록 만든다.

- 핵심은 따로 정리해 암기한다.

- 여러 가지 형태의 그래프를 접하고, 그래프가 무엇을 뜻하는지 파악하는 연습을 한다.

과학

- 단원이 끝날 때마다, 무엇을 공부했는지 노트에 정리한다.
- 사회 과목과 마찬가지로, 짧은 문장으로 정리할수록 좋다. 질문, 색깔, 글자 쓰기, 그림, 화살표 등을 활용해 어떤 내용을 배우고 있는지 한눈에 들어오도록 정리한다.
- 자신이 실험이나 관찰을 통해 깨달은 지식을 말로 표현할 수 있는지 확인한다. [자료 5]
- 밖으로 나가 직접 여러 사물과 사람을 관찰한다.

한자

한자 조기 공략 학습법은 한 해 동안 배워야 하는 한자를 학기 초에 전부 배우는 공부 방법입니다. 아이들이 한꺼번에 많은 한자를 외우기가 쉽지는 않겠지만, 집중력을 발휘한다면 의외로 쉽게 외울 수 있습니다. 한 학년이 끝나기 전까지 남은 시간 동안 여러 차례 복습할 수 있는 시간이 있어, 이 학습 방법은 한자를 오래 기억하는 데에도 큰 도움을 줍니다.

한자 조기 공략법은 아이가 높은 학년일수록 복습 효과도 큽니다. 예를 들어, 5학년 학생은 1학년부터 4학년 동안 배웠던 한자를 여러 번 복습할 수 있기 때문에, 긴 시간 동안 배웠던 한자들도 효과적으로 학습할 수 있습니다. 6학년 학생은 1학년부터 5학년까지

자료 5

지렛대의 작용

 예상 받침대와 추의 거리를 짧게 만들면 더 편하게 들어 올릴 수 있을 것 같다.

결과 힘이 작용하는 점과 받침점이 서로 더 가까울 때보다, 받침점과 추의 거리가 짧을 때 들어 올리기가 더 쉬웠다.

예상 받침점과 힘 사이의 거리를 멀리 둘수록 더 쉽게 들어 올릴 수 있다.

결과 힘을 주는 위치를 받침점에서 멀리 떨어뜨릴수록 더 쉽게 들어 올릴 수 있었다.

배웠던 한자를 한 번 더 복습할 수 있어, 그해 배워야 할 한자뿐만 아니라, 이전 학년에서 배웠던 한자들까지도 모두 여러 번 반복해 공부할 수 있는 것이지요.

✚ 100칸 계산

100칸 계산이나 나머지가 있는 나눗셈 100문항은 사칙연산의 속도를 높여줄 뿐만 아니라, 집중력도 키워줍니다. 날마다 시간을 재면, 아이들이 시합을 하는 것처럼 시간을 단축하는 것을 목표로 의욕적으로 덤벼들 수도 있지요. 그러기 위해서는, 아이는 100칸 계산 문제집에 나오는 똑같은 문제를 여섯 달 가까이 거르지 않고 풀어야 합니다.

처음 시작할 때는 하나하나 정답이 무엇인지 확인하면서, 자신이 틀린 부분을 확인하는 일이 무엇보다 중요합니다. 그래야만 아이가 자신이 어떤 계산을 수월하게 해내지 못하는지 곧바로 깨달을 수 있기 때문이지요.

✚ 단어 노트

나는 한자 조기 공략 학습법을 지도하는 한편으로, 어떻게 아이들의 한자 실력을 더 끌어올릴 수 있을지 여러모로 고민했습니다.

지금까지 나는 아이들이 히라가나, 말하자면 한글로 적힌 부분을 한자로 바꿔 쓸 수 있는지를 살피는 것으로 아이들의 한자 실력을 판단했습니다. 그러나 나는 진정한 한자 실력이란 일상생활에서 활용할 수 있을 때 비로소 의미를 가질 수 있다는 결론에 이르렀습니다. 예를 들어, 아이들이 책을 볼 때 한자를 읽고 내용을 이해할 수 있다거나, 자신이 문장을 적을 때 한자를 적절히 사용해 적을 수 있어야 한다는 뜻입니다. 나는 저학년에서 벗어난 아이들 같은 경우, 한자를 단지 하나씩 따로 떼어 외우기보다는, 한자가 들어 있는 단어를 통해 외우는 것이 더 나을 수도 있다는 생각에, 학생들에게 이런 방법을 적용했습니다.

새로운 한자를 발견할 때마다, 학생들은 그 한자를 포함하고 있는 단어를 여러 개 찾고, 그 단어를 단어 노트에 옮겨 적습니다. 단어를 찾고 단어 노트에 옮기는 것은 5분 동안 진행됩니다. 나는 5분 동안 단어를 찾고 노트에 적은 학생에게는, 노트 아래 남는 공간을 이용해 그 단어들을 외우고 쓰는 것을 연습시켰습니다. 아직 단어를 많이 찾지 못한 아이들에게도 집에서 더 해보라고 숙제를 내주고, 지금까지 쓴 단어들부터 먼저 외우고 쓰라고 이야기했습니다. 그러고 나서는 옆 사람과 한 조를 이루어 서로 노트를 바꿔보게 하고, 자신이 친구에게 방금 전에 찾은 단어의 의미들을 말할 수 있는지 확인시켰습니다. 아이들이 단어의 의미를 정확히 말하지 못하더라도, 뜻을 어느 정도만 알고 있어도 충분하다고 말했습니다. 아이들에게 너무 완벽을 강요할 필요까지는 없기 때문입니다.

숙제와
자율 학습

아이가 1학년부터 4학년까지 부모님은 아이가 학교 숙제를 집에 가서 해결하는 습관을 들이도록 지도해야 합니다.

- 숙제는 반드시 해야 한다는 생각을 가질 것.
- 숙제하는 동안에는 숙제에만 집중할 것. 텔레비전을 보거나 음악을 듣지 말 것.
- 일단 시작한 숙제는 빠른 시간에 끝마치도록 노력할 것.
- 숙제하기 전에 주변을 깨끗이 정리할 것.

아이가 이런 습관을 몸에 충분히 배도록 만들기 위해서는, 주변에서 늘 관심을 가지고 지켜봐야 합니다. 5학년이나 6학년으로 올라가서도 숙제를 소홀히 여기는 아이는 숙제하는 습관을 들이지 못했거나, 자신의 욕구를 조절하는 능력을 키우지 못한 것입니다. 학교에서 집으로 돌아와, 친구들과 놀거나 텔레비전을 보거나 게임을 하는 것과 같이 자신이 하고 싶은 일부터 끝낸 다음에 숙제를 시작하는 아이는, 공부 습관을 몸에 배게 만들기 어렵습니다. 그런 아이는 방학 때처럼 학교에 가지 않을 때 더 큰 문제를 겪습니다.

자신이 하고 싶어 하지 않는 일은 미루는 학생은 새 학기를 이틀이나 사흘 앞두고 늘 하지 못한 숙제를 붙들고 허둥거리지요. 이런 일을 막기 위해서는, 아이 스스로 '이 상태로는 안 되겠다. 생활 습관부터 바꾸자' 하는 자세를 가져야 합니다. 그러나 오랜 시간 몸에 밴 습관을 바꾸기는 쉽지 않습니다. 숙제는 나중으로 미루고 먼저 텔레비전부터 보고 싶은 마음을 누르는 데 강한 의지가 필요한 것은 그 때문이지요.

어차피 해야 할 일이라면, 일단 해야 할 일부터 끝내는 버릇을 어릴 때부터 들여야 아이가 나중에도 편합니다. 그런 습관을 가진 아이는 해야 할 일을 미루지 않습니다. 아이를 키울 때 더 중요하고 덜 중요한 시기가 따로 있는 것은 아닙니다. 아이가 성장하는 단계마다 무엇이 중요한지를 적절히 따져가면서, 선생님과 부모로서 적절한 행동을 취하는 것이 중요하지요.

가정학습은 중학교 과정에 대비하는 일이기도 합니다. 중학교에서는 학기마다 두 번씩, 중간고사와 기말고사를 치르는 곳이 많습니다. 시험 범위는 초등학교에서 한 단원이 끝날 때마다 치르는 시험들과는 달리, 여러 단원을 아우르고 있기 때문에 훨씬 넓습니다. 따라서 이런 시험에 적절히 대응하려면, 다음과 같은 능력이 필요합니다.

첫째, 방대한 시험 범위 안에서 핵심을 끄집어내는 이해력.
둘째, 핵심을 알아보기 쉽게 노트에 정리하는 꼼꼼함.
셋째, 자기 약점을 파악하고, 그 약점을 보완하는 성실함.

이 가운데 첫 번째 능력, 곧 이해력을 키우기 위해서는, 지금 자신이 자신 있는 내용과 공부가 더 필요한 내용, 이해하지 못한 내용을 스스로 구별할 수 있어야 합니다. 이것이 가능해야 자기 약점을 찾고, 그 점을 스스로 극복할 수도 있지요. 두 번째 능력인 꼼꼼함을 키우는 데에는, 노트를 다시 볼 때 쉽게 이해할 수 있도록 노트 필기를 정리하는 것이 좋습니다. 노트를 잘 정리하려면, 지금까지 배운 내용을 머릿속으로도 잘 정리해야만 하지요. 핵심을 잘 정리한 노트란, 아이 스스로 배운 내용을 한눈에 알아볼 수 있게 정리한 노트를 말합니다. 이런 노트를 만드는 데에는 중요한 부분을 형광펜으로 표시하거나, 그림을 덧붙여 내용을 요약하는 능력도 필요하지요. 쓰치도 초등학교에서는 아이들이 5학년 때부터 자율 학습 노트를 작성하도록 지도하고 있습니다. 자율 학습 노트에는 아이들이 지금까지 배운 내용만을 정리하는 대신, '자율 학습'이라는 이름 그대로 자신이 배운 내용을 바탕으로 새롭게 터득한 것들을 기록하는 노트입니다.

초등학생들이 감당하기 힘들어하는 일 가운데 하나는 자신이 직접 과제를 찾아내고 해야 할 일을 목록으로 만들어, 스스로 실천하는 일입니다. 무엇을 해야 할지 몰라 처음부터 막막하다고 느끼는 아이들을 위해, 나는 먼저 국어와 수학 과목의 과제를 내주는 일부터 시작합니다.

국어 과목의 경우, 단원이 끝날 때마다 노트를 어떻게 작성하면 좋을지 학생들에게 일일이 예를 들어 설명합니다. 과학이나 사회 과목은 아이들에게 단원마다 노트를 정리할 시간을 따로 주고, 친구들과 노트를 서로 교환하면서 가장 좋은 방법이 무엇인지 스스로 터득하도록 가르치고 있지요.

수학은 질서 정연한 과목이기 때문에, 노트를 정리할 때 어떤 점을 주의해야 하는지 아이들에게 하나하나 설명해주고는 합니다. 이런 과정을 거치면서 체득한 능력이 뒷받침되어야만, 아이들이

자율 학습 노트를 올바르게 작성할 수 있습니다. 이 과정에서 자연스레 아이들이 세 번째 능력인 성실함도 키워나갈 수 있지요.

체육 활동이
가진 의미

쓰치도 초등학교에서는 아주 옛날부터 고학년 남학생에게는 소프트볼이나 축구, 여학생에게는 농구를 연습시키고 있습니다. 매일 아침 20분씩 실시하고 있지요. 아침 운동을 도입한 이유는 고학년 학생들이 지각하는 것을 방지하고, 공을 다루는 운동신경을 길러 주기 위해서였습니다.

나는 중학교 때부터 축구부 활동을 시작한 이후로 고등학생과 대학생을 지나 지금까지도 축구공과 떨어져 지낸 적이 없습니다. 나는 공을 차고 뛰어다니는 것을 좋아해, 나이가 들어서도 축구에 푹

빠져 있지요. 축구는 인간관계를 넓히는 데에도 큰 도움을 줍니다.

그렇다고 내가 처음부터 축구를 좋아한 것은 아니었습니다. 중학교 때 어떤 선생님을 만나고 바뀐 것이지요. 그는 중학교 선생님으로 오기 전까지는 선수로 활약했던 사람입니다. 대학을 졸업하자마자 교사로 방향을 바꾼 패기 넘치는 사람이었지요. 나는 그 선생님에게 아침 일찍부터 밤늦게까지 축구의 기초를 하나하나 배우기 시작했습니다. 자기 혼자서는 제아무리 노력해도 일정 수준 이상으로 실력을 갖추기가 쉽지 않은데, 기술을 습득하는 데 가장 좋은 시기인 중학교 시절에 내가 그를 만날 수 있었던 것이 커다란 행운이었지요.

물론 그때는 그것이 행운인지도 몰랐지요. 당시만 하더라도 나는 '저 선생님만 없으면 나 혼자 더 편안하게 연습할 수 있을 텐데' 하고 매일같이 투덜거렸습니다. 하지만 그런 바람을 가질 수 있는 날도 길지 않았습니다. 그 선생님이 얼마 뒤 다른 학교로 전근을 갔기 때문입니다. 그 선생님이 떠난 다음, 선생님에게 받았던 엄한 훈련 덕분에 축구 시합이 있을 때마다 나는 연달아 이길 수 있었고, 승리하는 기쁨도 여러 번 맛보았지요. 그 선생님에게 배운 내용을 정리하자면 다음과 같습니다.

첫째, 시합 전날에는 스스로 도구를 챙겨둘 것. 무엇보다도 축구

화는 구두약을 발라 깨끗한 상태로 만들어둘 것.

둘째, 시합 전날에 축구 용품을 챙기고, 이튿날 열리는 시합에서 어떤 목표를 이룰지 생각할 것.

셋째, 자신이 가지고 있는 장점과 단점을 적어도 한 가지씩 염두에 두고 시합에 참가할 것.

처음에는 이 가르침을 단지 의무적으로 따랐을 뿐이지만, 나는 어느 순간 그것을 마치 당연한 일처럼 받아들였습니다. 나는 앞에서 이야기한 세 가지 지침을 잊지 않고, 지금도 실천으로 옮기는 것을 게을리하지 않습니다. 아직까지도 축구를 좋아하고 더 잘하고 싶다는 욕망이 꿈틀거리는 이유도 어쩌면 그 때문인지도 모르겠습니다.

유명한 운동선수들에게 질문하면, 그들 가운데 대다수는 이런 말을 합니다. "나는 이 스포츠를 아주 좋아합니다. 좋아하기 때문에 더 잘하고 싶고, 잘하고 싶기 때문에 하루도 거르지 않고 연습을 하지요. 지금까지 나는 여러 사람들에게 가르침과 응원을 받았습니다. 이 모든 분들에게 다시 한번 고개 숙여 감사하다고 말씀드리고 싶습니다." 나도 선수들이 말하고자 하는 의미를 이제야 조금이나마 알 수 있을 것 같습니다.

쓰치도 초등학교에서는 아이들이 아침 운동을 시작하기 전에,

운동장에 버려진 쓰레기나 낙엽을 줍고 체육관 주변도 청소합니다. 학생들 스스로 운동장이나 체육관을 소중하게 대하고 감사하게 생각하는 마음을 가졌으면 하는 바람으로 내가 부탁한 일이지요. 나는 아이들이 연습할 때 사용하는 공이나 다른 용품들도 각자가 준비하고 관리하도록 지도하고 있습니다. 연습하는 중이라고 하더라도, 다른 선생님이나 학생들을 만났을 때는 큰 소리로 인사하라고 가르치기도 합니다. 운동 실력이 좋아지는 것도 아주 중요하지만, 아이들에게 그보다도 더 중요한 것은 기본적인 예절을 지키는 일입니다. 아이들이 아침 운동을 시작하고 나서는 학교 분위기도 한층 밝게 바뀌었고, 지역 주민들도 그런 모습을 보고 더 큰 신뢰를 가질 수 있었습니다.

가장 훌륭한
선생님

나는 초등학교 5학년 때 어떤 선생님을 만난 이후로 선생님이 되고 싶다고 생각했습니다. 그는 내 담임이 아니었는데도, 모든 학생들의 고민을 마치 가족처럼 걱정했습니다. 누구에게든 깊은 관심을 가지고 애정을 쏟아붓는 선생님의 다정함에 나는 마음이 움직였습니다. 그를 만나고 난 다음부터 '나도 이 선생님처럼 마음 따뜻한 선생님이 되어야지' 하고 생각했습니다. 무슨 일이 생길 때마다 나는 그에게 상담하러 갔고, 따뜻한 마음씨를 지닌 선생님을 가까이에서 경험하고 나서부터는 선생님을 더욱 믿고 따랐습니다. 그 선생님에게 특별한 지식을 배우지는 않았습니다. 그가 내 인생에 커다란 영향을 미친 이유가 무엇인지는 정확히 알 수 없지만, 선생님이 보여준 행동을 통해 내가 사람에 대해 전보다 깊이 이해할 수 있게 되었기 때문일 것입니다.

내가 생각하는 이상적인 선생님의 모습도 비슷합니다. 존경받을 만한 선생님은 아이들에게 지식을 넘어 삶을 대하는 올바른 태도까지 가르칩니다. 자신이 어떤 인생을 살아왔는가, 지금은 어떻게 살아가고 있는가, 또 앞으로는 어떻게 살아갈 것인가 하는 이야기를 들려주고, 삶을 대하는 자세를 가르칩니다. 그런 가르침은 아이들도 무리 없이 받아들입니다.

초등학교 시절은 다른 사람에게 영향을 받기가 가장 쉬운 시기입니다. 중학교와 달리, 초등학교 담임선생님은 아침부터 저녁까지 아이들과 함께 교실에서 생활합니다. 가족보다도 더 오랜 시간을 같이 보내는 것이지요. 따라서 학생이 선생님에게 엄청난 영향을 받는다는 점은 두말할 필요도 없습니다. 아이가 성장하는 과정에서 누구를 만나는지는 아주 중요한 의미를 갖습니다. 이런 생각을 하고 있으면, 나는 선생이라는 직업에 대해 경외감을 가질 수밖에 없습니다. 보람을 느끼는 한편으로, 커다란 책임감도 느끼는 것이지요. 선생님이 매일같이 무언가에 도전하는 자세를 가져야 하는 이유도 여기에 있습니다. 이것은 선생이라는 직업을 가진 사람에게만 필요한 것이 아니라, 모두에게 필요한 태도입니다. 사소한 일부터 중요한 문제에 이르기까지 자기 자신을 끊임없이 극복하려는 자세를 가지고 있다면, 아이들에게도 좋은 영향을 미칠 수 있지요. 나도 이런 믿음을 잃지 않고 지금까지 살아왔습니다.

나는 새 학기마다 아이들에게 다음과 같은 세 가지를 꼭 강조합니다.

1. 어떤 상황이든 최선을 다할 것.
2. 자신의 말과 행동에 책임을 질 것.
3. 자신에게는 엄격하게, 타인에게는 관대하게 행동할 것.

이 세 가지를 지키지 않는 아이들에게 나는 반드시 주의를 줍니다. 어떤 경우에는 화난 표정을 짓고 심하게 혼낼 때도 있습니다. 아이들도 이제는 '선생님의 화난 표정은 위험 신호'라는 것을 알고 있지요. 해마다 새로운 반 아이들을 맡으면서, 나는 학생들이 이 세 가지를 실천하도록 만들기 위해 어떻게 해야 할지 틈틈이 고민합니다. 시행착오를 거듭하는 과정에서 새로운 시도를 게을리하지 않는 것이지요. 아이들을 대하는 내 행동에도 몇 가지 원칙을 세웠습니다.

1. 아이들과 소통하는 것을 중요하게 생각한다.

아이들과 올바른 관계를 유지하는 데에는, 함께 일상을 보내는 동안 선생님이 아이들과 끊임없이 소통하는 것이 중요합니다. 이 점을 소홀히 여기는 선생님은 아이들도 신뢰하지 않습니다.

2. 아이들에게 때때로 내 생각이나 경험을 들려준다.

선생님도 결국 사람입니다. 나는 틈나는 대로 아이들에게 내가 겪었던 실패들이나 경험들을 이야기해줍니다. 조금도 보태거나 빼지 않고, 사실 그대로를 전하기 위해 노력합니다. 내 생각을 솔직히 말할 때 비로소 아이들도 속마음을 조금씩 꺼낼 수 있다고 믿기 때문입니다.

3. 행동으로 모범을 보인다.

아이들과 대화할 때 말이 차지하는 비중은 20퍼센트 정도에 지나지 않는다고 합니다. 말에 담긴 의미보다는 말할 때 느껴지는 억양이나 감정에서 아이들은 더 큰 영향을 받는다는 뜻입니다. 윗사람이 먼저 모범을 보여야 하는 이유입니다. 아이들에게 행동으로 직접 보이기 힘든 상황이라도, 적어도 선생님이 노력하는 자세만큼이라도 먼저 보여야 합니다.

4. 양보하지 않는 아이는 따끔하게 혼낸다.

아이들 사이에서 심한 폭력이나, 법을 어기는 일이 아무렇지 않게 일어나고 있습니다. 다양한 가치관을 인정하는 사회로 바뀌었다고 하더라도, '이것만큼은 용납할 수 없다'고 이야기해야 하는 점은 아이들에게 단호하게 말해야 합니다. 나는 '이 정도로 말했으면 적당히 알아들었겠지' 하는 안일한 생각을 버리고, 학생들이 어릴 때부터 확실하게 선과 악을 올바르게 판단하는 기준을 세울 수 있도록 애쓰고 있습니다.

5. 아이들과 부딪치는 일에 너무 민감하게 반응하지 않는다.

선생님이 아이들과 갈등이 생기는 상황을 피하기 위해 꾸중해야 할 때 꾸중하지 않는다면, 오히려 아이들과 선생님이 서로를 깊이 신뢰할 수 없게 됩니다.

6. 잘못을 지적하는 방법을 여러모로 궁리한다.

선생님은 아이들을 꾸짖어야 할 때 확실히 꾸짖어야 합니다. 그러나 아이들을 꾸짖을 때도 부드러운 말로 달래거나, 에둘러 말할 수 있다는 점을 잊지 말아야 합니다. 늘 강한 어조나 화난 얼굴로 아이들을 꾸짖지 말아야 합니다. 아이들을 혼내고 나서 아이들에게 장점을 칭찬해주는 일처럼, 선생님은 잘못을 지적하는 다양한 방법을 궁리해야 합니다.

앞에서 이야기한 여섯 가지는 사실 가정에서 아이들을 대하는 부모님을 위해 신문에서 소개한 내용입니다. 나는 학교에서도 이 지침을 적용할 수 있다고 생각해, 실천으로 옮겼습니다. 아이들을 어엿한 사회 구성원으로 키우기 위해서는, 가정과 학교가 같은 생각을 가지고 아이들에게 관심을 늦추지 말아야 합니다.

주변 사람들이 아이를 긍정적으로 바라보는지 또는 부정적으로 바라보는지에 따라, 아이들은 커다란 영향을 받는다고 합니다. 미국의 테니스 코치에게 어떤 코치가 유능한지 물었더니, 그 코치는 '테니스 회원마다 어떤 장점과 단점이 있는지 재빨리 파악하는 코치가 최고'라고 말했습니다. 예를 들어, 서브는 빠르지만 백핸드 스트로크가 좋지 못한 회원이 있을 때, 코치가 해줄 수 있는 말은 정해져 있다고 합니다. "서브가 정말 멋있군요. 서브 연습을 조금 더 열심히 하십시오." 이런 말을 듣는다면, 테니스 회원도 자신의 서브가 나쁘지 않다는 사실을 이미 알고 있었더라도 더 신이 나 연습에 몰두합니다. 우연히 서브가 정확히 코트 안에 들어가면, 코치는 '훌륭한 서브 포인트'라고 회원을 다시 한번 칭찬하는 것도 비결이라고 합니다.

일본의 코치에게도 똑같은 질문을 했습니다. 그 코치는 이렇게 말했습니다. '어디가 결점인지 찾아내는 것이 우선이다. 결점을 찾고 나서 회원에게 그것을 곧바로 고치도록 훈련시키는 코치가 최고다.' 일본에서는 다른 사람에게 일단 결점부터 고치라고 말하는 경향이 강한 것 같습니다. 아이들에게도 마찬가지입니다. 아이들에게는 저마다 서로 다른 장점도 있고 단점도 있습니다. 그러나 단점만을 지적받은 아이는 점점 자신감을 잃어버립니다. 장점을 놓치지 않고 말해줘야 '나에게도 장점이 있구나' 하고 자신감을 가질 수 있지요. 아이들이 지닌 장점으로 눈을 돌리면, 선생님과 부모님들도 자연스레 칭찬에 너그러워집니다. 물론 나도 그러기 위해 노력하고 있지요.

어떤 사람이 나에게 이런 말을 한 적이 있습니다. '아이들에게 가장 중요한 교육 환경은 바로 선생님 자신이다.' 선생님의 말과 행동 그 자체가 교육 내용이자 교육 환경이라는 말이겠지요. 선생님이 바뀌면 아이들도 바뀝니다. 선생님의 변화가 이토록 중요합니다. 선생님이 아이들 한 명 한 명을 모두 귀하게 대하고, 그들이 잠재력을 펼칠 수 있도록 이끌어주는 것이 진정한 교육이라고 할 수 있지 않을까요?

중학교 입학 전에 필요한
여섯 가지 학습 능력

나는 지금까지 고학년 담임을 맡을 때가 많았습니다. 그러다 보니 이제 곧 중학교에 입학할 아이들에게 챙겨줘야 할 것이 무엇일까를 많이 생각하게 되었지요. 그 결과로 자연스럽게 싹튼 개념이 '평생 공부의 밑거름으로 작용하는 학력'이라는 것이었습니다.

이 밑거름 학력이라는 것은 반드시 초등학교 때 잡아줘야 합니다. 중학교부터는 학습량이 부쩍부쩍 늘어나는데, 초등학교를 졸업하고 나면 그 학습량을 소화할 기초학력을 다질 시간이 부족하기 때문입니다. 그렇다면 중학교에 입학하기 전에 갖춰야 할 학력에는 어떤 것이 있을까요? 기본적인 것을 짚어보면 다음과 같습니다.

- 읽기: 문장을 확실하게 읽을 수 있다
- 쓰기: 자기 생각을 문장으로 표현할 수 있다.
- 계산하기: 기초적인 계산력이 몸에 배어 있다.
- 문제 이해: 모르는 부분이 어디인지 분명히 짚어낼 수 있다.
- 문제 해결: 왜 그런지 의문을 품을 수 있으며 해결할 능력이 있다.
- 자율 학습: 수업을 예습·복습할 수 있다.

우선 기본적으로는 읽기, 쓰기, 계산하기에 대한 탄탄한 기초학력이 있어야 중학교에서 학습하는 내용을 따라갈 수 있다는 얘기입니다.

또 중학교 과정부터는 학습량이 늘어나기 때문에 스스로 공부하는 시간을 많이 요구합니다. 따라서 학생에게는 스스로 문제를 찾아 해결하는 능력도 필요하고, 자율 학습의 비중이 높아지기 때문에 과제를 처리하는 능력도 필요해지는 것이지요. 그 밖에도 집중력과 이해력을 바탕으로 두는 적극적인 학습 태도 또한 중학교 이후의 학습을 위해 꼭 갖춰야 할 학습 능력 가운데 하나입니다.

읽기　쓰기　계산하기　문제 해결능력

　초등학교 시절은, 중·고등학교는 물론 대학과 사회까지 이어지는 평생 학습의 기본적인 기술을 습득하는 기간입니다. 이 시기에 기본적인 기술만 몸에 잘 익히더라도, 각자 노력하기에 따라 얼마든지 배움의 깊이를 더해갈 수 있습니다.

　그렇기 때문에 초등학교 고학년 때에는 '공부의 밑거름'이 되는 구체적인 능력으로서 위에서 열거한 여섯 가지를 중심으로 학력을 다져야 합니다.

단어를 보기 전에
문맥을 보라

어휘를 학습하는 목적은 어휘의 의미와 쓰임을 깨달아 말하기나 글쓰기에서 적절하게 활용하는 데 있습니다. 아이가 특히 5학년이나 6학년 같은 고학년이 되면, 단어의 사전적 의미와 함께 그 단어가 어떤 뉘앙스를 가지고 쓰이는지도 알아야 합니다.

고학년에게는 고학년에 맞는 사전 찾기 방법을 적용해야 합니다. 또 단어 노트 역시 배운 단어를 스스로 말하거나 쓸 때 문장 속에서 활용하는 데 도움이 되도록 정리해야 하고요. 그럼 우선 적절한 사전 찾기 방법부터 찾아봅시다.

✚ 사전을 찾기 전에 문맥부터

5학년에서 6학년, 이르면 3학년에서 4학년 정도가 되면, 어휘가 많이 늘어 이제는 문장을 읽어가다가 띄엄띄엄 모르는 한자어나 낯선 단어를 만나게 됩니다. 그런데 그때마다 무조건 사전부터 뒤지면 흐름이 뚝뚝 끊기고 전체적인 내용을 이해하기가 어려워집니다. 고학년이 되면 읽어야 할 분량이 많이 늘어나는데, 그런 식으로 독해를 하다 보면 시간은 더 많이 걸리고, 내용을 이해하는 데에도 더 어려움을 겪습니다.

아이가 고학년에 올라갈 즈음에도 낯선 단어가 나왔다고 무작정 사전부터 뒤질 것이 아니라, 먼저 앞뒤 글을 여러 차례 읽어 단어의 뜻을 어림잡아야 합니다. 대개 그런 유추 과정을 거치면 별 문제 없이 문장의 의미를 이해할 수 있게 됩니다. 하지만 그런 다음에도 단어의 뜻을 추가로 더 확인하고 싶다면, 그때 사전을 뒤적거려야 하는 거지요.

이처럼 사전을 통해 확인하기 전에 문맥을 통해 스스로 유추해 보는 훈련은 사고의 영역을 넓혀주는 데에도 큰 역할을 합니다. 뿐만 아니라 이처럼 실제 단어가 활용된 문맥 속에서 뜻을 파악하고 나서 단어를 외우면, 아이가 자연스럽게 적절한 활용법까지 익힐 수 있지요. 또 사전을 찾았을 때, 자신이 문맥을 보고 짐작했던 단

어의 의미가 사전과 일치하면, 아이들에게는 자신감과 함께 새로운 학습 동기도 부여되기 때문에 더욱더 효과적인 방법이라 할 수 있을 것입니다.

✚ 단어는 문맥 속에서 외운다

어쩌면 단어의 사전적 의미를 안다는 것은 큰 의미가 없을 수도 있습니다. 실제로 어휘력을 좌우하는 것은 단어의 의미를 얼마나 많이 알고 있는지가 아니기 때문입니다. 그보다는 그 단어로 전달하는 문장의 의미를 정확하게 이해하는가, 또는 글을 쓰거나 말을 할 때 적재적소에 어휘를 쓸 줄 아는가 하는 것이지요.

어휘를 학습하는 목적도 바로 거기에 있습니다. 그렇기 때문에 단어 공부를 할 때에는 단어의 사전적 의미를 배우는 데에서 그쳐서는 안 됩니다. 낯선 단어를 처음 배울 때부터 단어가 활용된 예시 문장을 함께 익혀야 합니다. 그래야만 문맥 속에서 단어가 풍기는 분위기나 쓰임을 함께 익힐 수 있고, 결국 온전히 자기 것으로 만들 수 있기 때문이지요.

쓰치도 초등학교에서는 3학년 때부터 '단어 노트'를 정리합니다. 일본어에서는 단어 학습이 거의 한자어 학습입니다. 물론 새로 나오는 한자는 학기 초에 모두 공부를 합니다만, 수업 중에 그 단어들을 복습하지 않으면 아이들이 학기 말에는 대부분 잊어버리고 말지요. 단어 노트 정리는, 내가 아이들이 새로운 한자를 배우고도 그 한자를 포함한 단어에 잘 적응하지 못하는 것을 보고 시작한 것입니다. 하지만 고학년으로 올라가면, 한자 자체나 그 의미에만 치중할 수는 없습니다. 어휘가 가지고 있는 의미와 쓰임 모두를 정확하게 깨닫고 활용할 수 있어야 하니까요. 따라서 단어 노트는 문맥 속에서 단어를 학습할 수 있도록 정리해야 합니다.

예를 들어, '충실'이라는 말을 사전에서 찾았다면, '충직하고 성실함'이라 적힌 단어의 뜻을 적고, 그와 함께 '원문을 충실하게 옮긴다'는 예문까지 정리해야 하는 것이지요.

쓰치도 초등학교에서는 수업 시간에 아이들에게 먼저 이런 요령을 가르쳐주고, 그다음부터는 스스로 채워나가도록 했습니다. 학기가 끝날 무렵에는 대다수 아이들이 새로운 한자 모두를 단어 노트에 정리하더군요. 특히 예문을 함께 정리하면서부터 아이들은 읽기는 물론 쓰기에서도 훨씬 풍부한 어휘를 사용했습니다.

 단어 노트

이 단어 노트는 쓰치도 초등학교에서 6학년 담임을 맡았던 히라타 선생님이 지도한 '단어 노트를 정리하는 요령'에 따라, 한 6학년 학생이 정리한 것입니다.

충 (忠)	충의(忠義)	뜻: 충성과 절의를 아울러 이르는 말. 예: 장래를 내다보고 충의를 다한다.
	충고(忠告)	뜻: 남의 잘못이나 결정을 충심으로 타이름. 예: 나는 그의 충고를 따랐다.
	충실(忠實)	뜻: 충직하고 성실함. 예: 원문을 충실하게 옮겼다.
저 (著)	현저(顯著)하다	뜻: 드러나서 두드러지다. 예: 차이가 현저하게 나타났다.
	저자(著者)	뜻: 지은이. 예: 이 책의 저자는 유명 인사다.
	저서(著書)	뜻: 책을 지음. 또는 그 책. 예: 저서가 여러 권 있는 학자.
청 (廳)	청사(廳舍)	뜻: 관청의 사무실로 쓰는 건물. 예: 청사가 완성되었다.
	군청(郡廳)	뜻: 군의 행정 사무를 맡아보는 기관. 또는 그 청사. 예: 오늘 군청에 갔다.

예습과 복습,
모든 학습의 기본

중학교나 고등학교에 가면 수업 준비를 혼자 해야 하는 예습과, 수업 시간에 배운 내용을 다시 한번 정리하는 복습의 비중이 커집니다. 수업도 물론 중요하지만 혼자서 하는 학습을 어떻게 하는지에 따라 많은 차이가 나기 때문에, 예습과 복습은 중학교 이후 과정에서는 모든 학습의 기본이 됩니다. 그렇기 때문에 예습과 복습은 초등학교 고학년 때부터 습관을 들이는 것이 좋습니다. 그 방법 가운데 하나가 '예습·복습 노트'입니다.

학생이 예습할 때 제대로 이해하지 못한 내용은, 수업을 듣고 난

다음에는 반드시 복습해야 합니다. 아이가 모든 과목을 예습하고 복습하는 것을 어려워한다면, 부모님은 상황에 따라 예습 중심 과목과 복습 중심 과목을 정해 어느 하나만이라도 확실하게 공부하도록 해주세요. 이렇게 해야 아이가 똑같은 문제를 적어도 두 번 이상은 생각할 시간을 가질 수 있으니까요.

과목별로 자율 학습 노트를 정리할 때는 노트 한쪽을 수업·자습·메모 칸으로 나누어 칸을 메워 나가는 것이 요령입니다. '수업' 칸에는 수업 중에 필기한 내용을 적고, '자습' 칸에는 혼자서 한 자율 학습(예습 또는 복습) 내용을 적으면 됩니다. '메모' 칸에는 수업 시간에 들은 내용 가운데 중요한 사항을 적습니다. 선생님이나 발표를 하는 사람의 얘기를 듣고 핵심을 메모하는 것이지요.

이런 방식에 따라 노트를 정리하면, 노트만 봐도 아이가 자율 학습을 어떻게 하고 있는지 바로 알 수가 있지요. 선생님도 아이들의 노트를 살펴보면서 지도를 하는 것이 좋습니다.

노트를 보면 수업 칸과 자습 칸의 기록한 양이 일정하지 않은 경우가 있습니다. 예습이나 복습을 하지 않은 경우에는 자습 칸이 공백으로 남은 채 수업 칸만 채워져 있을 수도 있지요. 그럴 때에는, 수업 칸과 자습 칸이 엇비슷해질 정도로, 복습한 내용을 적도록 합니다. 메모 칸은 남의 이야기를 집중해 듣는 훈련을 위해서라도 반드시 채우는 것을 연습해야 합니다.

혼자서도 공부하는 습관을 붙이면, 아이가 중학교에 가서도 원활하게 진도를 따라갈 수 있습니다. 아울러 이런 습관은 시험을 치를 때에도 아이에게 도움을 주고요. 그러니 예습·복습 노트를 정리하는 것은 중·고등학교 학습을 위해 초등학교 때부터 학생들이 꼭 갖춰야 할 공부 습관이라 할 수 있겠지요.

자율 학습 노트 정리: 국어

소설 · 시 · 작문 · 설명문 등을 나눈 후 각각 학습을 진행하자.

소설의 경우

▶ 등장인물이 놓인 처지를 중점적으로 생각한다.

▶ 이해하지 못하는 말의 의미도 조사한다.

▶ 감상문을 적는다.

▶ 등장인물의 심경 변화를 생각한다.

수업	자습	메모
수업 중에 배운 내용을 적는다.	5쪽 둘째 줄 "귀엽지 않아? 공원 안에서 주웠단 말이야." • 꼭 사고 싶다. • 여동생이 천식이라서. • 우쭐대고 있어.	
	6쪽 여섯째 줄 눈을 치켜뜨며: 상대의 태도를 살필 때 눈만 위로 향하는 동작.	
	제1차 감상문 제2차 감상문 주제를 적는다.	

• 등장인물의 기분을 나타내는 문장을 적어놓고 자기 나름대로 생각해본다.
• 잘 모르는 문장의 의미를 조사해 적는다.
• 본문을 처음 읽었을 때와 학습을 마쳤을 때 감상문을 적는다.
• 이 소설에서 저자가 말하고 싶은 것이 무엇인지 결론을 적는다.

메모 칸에는 선생님이나 친구들이 말한 내용의 핵심을 적는다. 예습할 때 몰랐던 점이나 남의 의견을 듣고 알게 된 내용을 적을 때 활용한다.

수업	자습	메모
수업 중에 배운 내용을 적는다.	26쪽 ㉠ ㉡ ㉢ 각의 크기는 각각 몇 도인가? ㉮ 180 − (60 +70) = 50도 　　　　답 ㉮ = 50도 ㉯ 삼각형 ㄱㄴㄷ과 삼각형 ㄷㄹㄱ은 합동(같은 모양)이다. 그러므로 대응하는 각을 생각하면 각ㄱ이 60도이므로 ㉯도 60도가 된다. 　　　　　　　　　　　　　답 ㉯ = 60도 ㉰ 180 − (50+60) = 70도 　　　답 ㉰ = 70도	

▶ 노트는 같은 크기로 나뉘어진 것을 사용한다. 다음 두 가지 방식 중 하나로 사용할 수 있다.

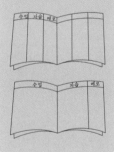

▶ 이처럼 문제를 자기 나름대로 고민해 풀어나간다.

▶ 만약 수업 칸의 내용만 자꾸자꾸 늘어난다면, 자습 칸의 공백 부분은 복습하는 데 활용한다.

▶ 예습하는 동안 풀었던 답이나 식이 틀렸을 경우에는 빨간 펜으로 수정한다.

▶ 그림을 그리거나 할 경우에는 수업·자습·메모 칸을 나눈 선을 없애고 적는다.

▶ 되도록 수업 칸과 자습 칸은 이웃하는 공간에 위치하도록 적는다.

▶ 메모 칸은 중요한 포인트를 적는다.

▶ 반드시 자를 사용한다.

자율 학습 노트 정리: 사회

▶ 사회 교과서 안에는 그래프나 사진이 많이 실려 있다.
   따라서 자율 학습할 때에는 그래프나 사진을 자신의 방식에 따라 노트에 정리한다.

▶ 본문 속에도 암기할 필요가 있는 문장이 많이 실려 있다. 그 부분을 정리해 노트에 적어 넣
   는다. 이때 자기 나름대로 의견을 덧붙이면 더욱 좋다.

▶ 스스로 조사하고 학습하면서 이해한다.
   메모 칸은 효과적으로 사용할 것.

수업	자습	메모
수업 중에 배운 내용을 적는다.	14쪽 식료품 지급률의 변화 → 그래프 참고 • 한국은 쌀을 제외하면 지급률이 낮다. • ──────── • ──────── • 특히 밀이나 콩은 거의 외국에 의존하고 있다. (본문) 수입에 의존하는 농산물 ████████████ • 어느 정도나 외국 수입에 의존하고 있을까. • 빵의 원료인 밀은 거의 다 외국산이다. 국내산 밀은 별로 없는 것 같다. • 과일도 수입량이 많다. • 쌀, 채소류는 수입에 의존하지 않지만 밀이나 콩은 거의 수입에 의존하고 있다. → 어떻게 해야 좋은가 ◀ 15쪽 (사진) 참고 • ──────── • ────────	그래프를 보고 느낀 점을 적는다. 그래프나 자료를 통해 조사한다. 혼자 생각한다. 혼자서 사진을 보고 생각한다.

172

자율 학습 노트 정리: 과학

▶ 과학 과목의 경우에는 교과서 안에 있는 질문을 보고 먼저 예상한다.
관찰이나 실험도 노트에 꼼꼼하게 적으며 각각 결과를 예상한다. 단원이 끝나는 시점에 학습 내용을 정리해 노트에 적어 넣는다.

▶ 꼼꼼하게 메모를 한다. 무엇을 학습했는지 곰곰이 따져볼 것.

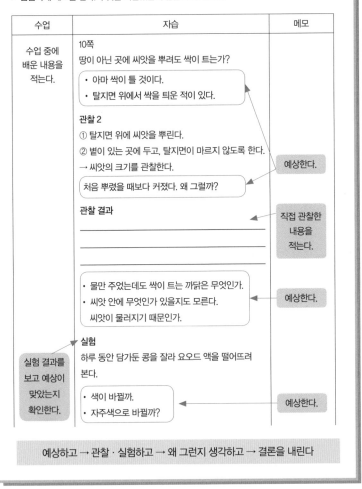

수업	자습	메모
수업 중에 배운 내용을 적는다.	**10쪽** 땅이 아닌 곳에 씨앗을 뿌려도 싹이 트는가? • 아마 싹이 틀 것이다. • 탈지면 위에서 싹을 틔운 적이 있다. **관찰 2** ① 탈지면 위에 씨앗을 뿌린다. ② 볕이 있는 곳에 두고, 탈지면이 마르지 않도록 한다. → 씨앗의 크기를 관찰한다. 처음 뿌렸을 때보다 커졌다. 왜 그럴까? **관찰 결과** _____ _____ _____ • 물만 주었는데도 싹이 트는 까닭은 무엇인가. • 씨앗 안에 무엇인가 있을지도 모른다. 씨앗이 물러지기 때문인가.	
		예상한다.
		직접 관찰한 내용을 적는다.
		예상한다.
실험 결과를 보고 예상이 맞았는지 확인한다.	**실험** 하루 동안 담가둔 콩을 잘라 요오드 액을 떨어뜨려 본다. • 색이 바뀔까. • 자주색으로 바뀔까?	예상한다.

예상하고 → 관찰 · 실험하고 → 왜 그런지 생각하고 → 결론을 내린다

2장 선생님과 함께하는 공부 습관 •• **173**

글쓰기 훈련은
테마 일기로

기초학력을 높이려면, 아이가 읽기, 쓰기, 계산하기의 세 방향에서 반복 학습을 꾸준히 진행해야 합니다. 따라서 소리 내어 읽으면서 내용을 이해하는 독해나, 정확하고 빠르게 사칙연산을 해내는 계산하기와 함께, 자기 생각을 문장으로 표현하는 글쓰기도 중요합니다.

독해 능력을 높이는 데에는 소리 내어 읽는 음독이, 계산 능력을 키우는 데에는 100칸 계산 연습이 효과적이라면, 글쓰기 능력을 키워줄 반복 학습으로는 일기 쓰기만 한 것이 없습니다.

작문은 자기 생각이나 느낌을 표현하는 작업입니다. 그만큼 글쓰기는 아이의 생각을 보다 넓고 깊게 만들어준다고도 할 수 있지요. 글을 쓰려면 사물이나 사람을 자주 관찰하고 깊이 생각해야 합니다. 뿐만 아니라 그럴 때마다 자기 느낌에 대해서도 찬찬히 돌아보게 되지요.

하지만 글을 쓴다는 것은 어른들에게도 여간 부담이 되는 게 아닙니다. 그런 것을 아이들이 꾸준히 반복한다는 것은 더더욱 쉬운 일이 아닐 것입니다. 하지만 일기 쓰기라면 아이들의 수준에 맞추어 다양한 형식으로 진행할 수 있고, 지도하기에 따라 꾸준히 반복할 수도 있지요.

일기 쓰기가 아이들의 사고력과 표현력을 높이는 데 더할 나위 없이 좋은 처방전이라는 것은 이미 많이 알려진 얘기여서 더 이상의 말은 필요하지 않을 것이라고 봅니다. 하지만 문제는 일기를 쓴다는 것이 아이들에게 만만하고 즐겁기만 한 과제는 아니라는 데 있습니다.

어떤 아이들에게는 일기가 사고력의 깊이를 더해주지 못하는 경우도 있습니다. 단순히 하루의 일과를 나열하는 데 그치거나, 습관처럼 '참 재미있었다' 또는 '앞으로는 무엇을 해야겠다'만 남발하는 일기를 계속 쓰는 경우가 그렇지요.

글을 쓸 주제를 찾지 못하거나 주제에 집중해 이야기를 풀어갈

줄 모르는 이런 아이들에게는, '테마 일기'를 쓰게 하는 것이 좋습니다. 테마 일기란, 아이들이 이야기하고 싶은 주제를 하나 선택해 그것을 중심으로 이야기를 풀어나가는 것입니다. 주제 하나에 대해 이렇게 저렇게 생각한 다음, 그 생각과 느낌을 다양한 방식으로 글로 옮기는 것이지요. 이런 식으로 일기를 쓰면 아이는 주제를 고르는 과정, 주제를 하나하나 뜯어보거나 곰곰이 생각하는 과정, 또는 자신의 느낌이 어땠는지 돌아보는 과정을 거칠 수 있습니다. 그런 다음에는 그 느낌을 잘 전달하려면 어떤 식으로 표현해야 할까에 대해서도 고민할 수 있고요.

주제는 매일같이 하는 일인 '일과'가 될 수도 있겠지만, 일기라고 해서 굳이 일상에서만 소재를 찾을 필요는 없습니다. 예를 들어, 식물이나 동물을 키우는 아이라면 그것들이 자라나는 과정을 관찰하면서 적을 수도 있을 것이고, 책을 좋아하는 아이라면 읽고 있는 책과 읽은 느낌에 대해 적는 방법도 있습니다.

도입해본 여러 가지 방법 가운데 가장 효과가 좋았던 것은, 친구들의 장점을 찾아 쓰는 테마 일기였습니다. 매일매일 반 친구 가운데 한 명을 선택해 그 친구의 장점에 대해 적는 것이었는데, 아이들이 쓴 테마 일기를 읽다 보면 선생님이나 가까운 친구도 생각지 못하고 있던 장점을 끄집어내는 경우가 있어 깜짝 놀라곤 합니다. 그럴 땐 아이들의 눈이 참으로 예리하다는 생각에 감탄하게 되지요. 대상을 주의 깊게 살펴보지 않으면 장점을 찾아낼 수 없습니다. 장점을 찾기 위해 친구를 살피다 보면 친구를 소중히 여기게 되는 효과도 얻을 수 있습니다.

결과적으로 일기 쓰기는 반 아이들이 서로 의지하게 만드는 데에도 효과가 있지요. 나는 때때로 아이들이 담임선생님의 장점을 찾아보도록 합니다. 마찬가지로 가족들의 장점에 대해 생각하도록 하는 것도 의미가 있을 것입니다. 아이가 주변을 주의 깊게 살펴보지 않으면 쓸 수 있는 내용이 아무것도 없을지도 모릅니다. 아이에게만 시키지 말고, 부모님도 아이와 함께 생각하는 기회를 가지면 더욱 좋을 것입니다.

가정방문을 할 때마다 나는 부모님께 '아이의 장점이 무엇입니까?' 하는 질문을 자주 드리는데, 이때 얼른 대답하지 못하는 부모님도 적지 않습니다. 부모님이 아이들에게 항상 관심을 가지고, 장점을 찾아낸 다음 그 장점을 살리도록 돕는 것이 아이들의 능력을 향상시키는 지름길이라는 점을 잊지 마세요.

모른다는 걸
받아들이는 용기

요즘 아이들은 '모른다'라는 말을 잘 못합니다. 분명히 이해하지 못하는 부분이 있을 때도 질문을 하지 않고 그냥 지나치려 합니다. 물론 나도 아이들이 '모른다'는 얘기를 하는 것이 부끄러워서 그럴 것이라는 생각은 합니다. 하지만 모르는 것을 피하기만 하면 한번 몰랐던 것을 영영 알 수 없게 됩니다. 뿐만 아니라 알게 되는 기쁨을 맛볼 수도 없습니다. 따라서 부끄러움을 느끼는 아이일수록 '모르던 것을 알게 되는 기쁨'을 누릴 기회를 얻어야 합니다.

물론 학생들이 '나만 모르는 건 아닐까?', '내가 모른다는 것을 다른 친구들이 알면 나를 바보 취급하지 않을까?' 하는 생각에 속마음을 드러내기 싫기도 하겠지요. 하지만 그런 소극적인 생각에서 비롯하는 문제는 서로 도와주고 격려해주는 분위기가 조성되면 충분히 해결될 수 있습니다.

아이들은 누구나 배운 내용을 잘 이해하길 바랍니다. 처음부터 선생님이 가르쳐주는 내용을 이해하지 못해도 상관없다고 생각하는 아이는 아무도 없습니다. 아이들에게는 무언가를 알게 되었을 때, 할 수 있게 되었을 때 기쁨을 맛보게 해줄 필요가 있습니다. 또 이런 만족감이 있어야 아이들이 더욱더 실력을 향상시키고자 하는 의욕이 생기는 것이지요.

교사나 부모는 누구든 이해하지 못하는 부분이 있을 때 서슴없이 '모른다'고 말할 수 있는 분위기를 만들어주는 것이 중요합니다. 쓰치도 초등학교의 6학년 학급에서는 모르는 것을 부끄러워하지 않을 수 있는 수업 분위기를 위해, 이해하지 못한 아이부터 일어나 발표하는 방식으로 진행하고 있습니다.

수학 수업을 예로 들지요. 수학 시간에는 학생들에게 우선 숙제로 문제를 내고 답을 구하도록 합니다. 수업은 일반적으로 그다음에 잘하는 아이 위주로 진행됩니다. 하지만 쓰치도 초등학교에서는 반대로 이해를 못 한 아이가 먼저 일어나 설명을 합니다.

맨 처음 발표하는 아이는 '이렇게 생각했는데 이 부분을 잘 모르겠다, 여기까지는 알겠는데 이 부분은 이해하기 어렵다'며 발표를 합니다. 제대로 이해하지 못했지만, 용기를 내고 아는 것과 모르는 것을 얘기하는 것이지요. 그러면 다른 아이가 그 말을 받아 자기가 아는 부분을 보충 설명합니다. 그러다가 도중에 말문이 막히면 선생은 또 다른 아이에게 대신 설명하도록 넘깁니다. 이런 과정을 모두 겪고 나면, 맨 처음 발표한 아이에게 다시 설명하도록 해 올바르게 이해했는지 최종적으로 확인합니다. 처음에는 얼굴을 붉히는 아이도 있지만, 여러 차례 반복하다 보면 부끄러움보다 아는 기쁨이 훨씬 크다는 것을 이내 깨닫습니다. 또 아이들이 수업 방식에 익숙해지면 학급 분위기도 좋아집니다.

교과서에서 다루었던 문제는 잘 알지만, 그 문제가 조금만 변형되면 어려워하는 아이가 적지 않습니다. 수업 시간에 내용을 잘 이해하지 못했기 때문이라고 말하는 사람도 있겠지만, 꼭 그렇게 단정할 수만은 없습니다. 내용은 이해했지만, 문제 푸는 훈련이 덜 되어 있거나 응용력이 부족하기 때문일 수도 있습니다. 응용력을 키우려면 평소에 어느 부분이 이해가 안 되는지, 어느 부분을 모르는지 그때그때 짚어내는 연습이 필요합니다. 그런 습관을 들이고 나면 다른 문제를 푸는 과정에서도 문제 해결의 비법을 터득할 수 있습니다.

모든 학문은 의문을 가지는 데에서 출발합니다. 이해가 가지 않는 부분이 있을 때, 학생은 단지 모르는 상태로 머물러서는 안 됩니다. 확실히 모른다고 자기 상태를 표현하는 것도 또 다른 학습 능력입니다. 그런 과정을 발판으로 자신이 어떤 것을 얼마나 모르는지 객관화할 수 있을 때 새로운 발견을 할 수 있기 때문입니다. 또 그래야 다음에도 스스로 조사를 해가며 해결하는 적극적인 자세도 나올 수 있는 것이지요.

승부의 수업을
시도해 보자

기초 과정을 반복하는 시간이 쌓이면서 아이들에게는 많은 변화가 생겼습니다. 아이들은 학력만 늘어나는 것이 아니라 생각하는 힘도 늘고, 집중력이 높아지면서 수업도 훨씬 잘 따라갔습니다. 또 성취감과 자신감이 붙기 시작하자, 스스로 학습에 의욕을 보이면서 성장하기 시작했습니다. 특히 6학년 학생들에게 그런 변화가 두드러졌습니다.

아이들이 집중력이나 사고력에서 비약적인 성장을 보이면서 수업 분위기는 180도 달라졌습니다. 아이들은 적극적으로 학습에 참여했기 때문에 새로운 내용을 배울 때에도 이전보다 훨씬 빠른 시간 안에 이해하고는 했습니다.

아이들이 100칸 계산에도 익숙해지고, 나눗셈 100문항도 어느 정도 연습했을 때, 우리는 승부의 수업을 해보기로 했습니다.

✚ 승부의 수업

승부의 수업이란, 학생들이 교과서나 문제집에 나오는 것이 아닌 어려운 사립 중학교 입시 문제를 한번 풀어보는 것이었습니다. 읽기, 쓰기, 계산하기를 반복해 연습한 아이들이 응용력을 어느 정도나 갖추고 있는지 시험해야겠다는 생각에서 내가 제안한 것이었습니다.

처음에 나는 지금까지 교과서와 100칸 계산만 공부한 아이들에게 승부의 수업이 무리가 아닐까, 결국 아이들에게 실망만 안겨주는 것이 아닐까 하는 걱정에 주저하기도 했습니다. 하지만 풀기 전에 '이것은 풀기만 하면 천재라고 할 수 있을 정도로 어려운 문제이니, 풀지 못한다고 기죽을 일은 아니다'라고 얘기를 해준다면 아이들에게 충격은 없을 것이라는 생각이 들었습니다.

그래서 사립 중학교 입시 문제 가운데 두 개를 풀어보기로 했습니다.

선정된 두 문제는 어른들이 풀기에도 결코 쉽지 않은 것들이었습니다. 처음에는 나조차도 대부분의 아이들이 풀지 못할 것이라고 생각했습니다. '풀면 천재'라고 할 정도로 어려운 문제라는 소리에 아이들의 표정은 각양각색이었습니다. 호기심에 가슴 설레며 문제지를 기다리는 아이도 있었고, 걱정부터 앞서 얼굴이 새파랗게 질린 아이도 있었습니다.

곧 아이들은 문제를 푸는 데 열중했습니다. 빠른 아이는 얼마 지나지 않아 끝마쳤습니다. 다 마친 아이부터 채점을 했습니다. 최종적으로는 예상을 한참 벗어나는 결과가 나왔습니다. 14명 가운데 총 7명의 아이가 제 힘으로 문제를 풀었던 것입니다. 그중에서 사립 중학교 입시를 위해 진학 학원에 다니는 아이는 고작 한 명뿐이었습니다. 풀지 못한 아이들도 몇몇 있었지만, 힌트를 약간만 주자 남은 아이들도 곧바로 풀어냈습니다.

두 번째 문제는 첫 번째 문제보다 훨씬 더 어려웠습니다. 방정식을 이용해 풀어야 하는데 푸는 아이는 적었지만, 끈질기게 도전해 결국 풀어낸 아이도 제법 있었습니다. 시간을 더 주고 싶었지만 예정된 시간이 지나 시험을 마쳤습니다.

얼마 뒤, 시험을 치렀을 당시의 감상을 글로 적어 온 아이가 있었기에 그 일부를 소개하겠습니다.

처음에 선생님이 '이 문제는 천재만 풀 수 있을 정도로 어려운 문제'라 하셔서 '내가 과연 풀 수 있을까?' 하는 생각에 나는 조금 불안했습니다. 하지만 곧 '반드시 풀 수 있을 거야. 아무리 어려운 문제라도 말이야' 하고 생각했습니다.

이윽고 받은 시험지를 보는 순간, 나는 '이럴 수가! 무슨 말인지 하나도 모르겠어' 하는 생각에 의욕이 사라졌습니다. 또 나는 문제를 푸느라 애쓰고 있는데, 친구들 중 몇몇은 이미 끝마친 것 같아 '나만 풀지 못하는 건 아닐까? 정말 풀 수 있을까?' 하고 몹시 초조해졌습니다.

그러자 내 머리는 점점 더 복잡해지고 아무 글자도 눈에 들어오지 않았습니다. 어디부터 손을 대야 할지 도무지 감이 잡히지 않았습니다.

그렇게 답답해하고 있을 때 선생님이 내게 와서 힌트를 주었습니다. 그 순간 '아차, 이렇게 하면 되는 것을…' 하는 생각이 들었고, 그다음부터는 거침없이 풀어나가기 시작했습니다.

그런데 문제를 풀고 난 지금 나는, 제힘으로 풀지 못하고 선생님의 힌트를 받았다는 사실이 견디기 힘들 만큼 속상합니다.

그러나 한편으로는, 혼자 힘으로 풀지는 못했더라도 어쨌든 풀었기 때문에 나는 자신감을 얻었습니다. 또 이번 경험을 통해 남이 풀었다고 해서 조급하게 생각하지 않고 묵묵히 문제에 몰두해야 한다는 사실도 깨달았습니다. 이제 앞으로는 어떤 문제를 대하더라도 내가 생각하는 대로 차근차근 풀어갈 생각입니다.

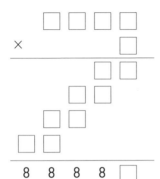

승부의 수업 출제 문제

1. □ 안에 숫자를 넣어 아래 계산을 완성시키시오.

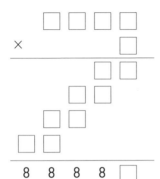

(○○중학교)

2. 다음 세 가지 식으로부터 A, B, C를 구하시오.

$$A \div B \div C = 5$$

$$A \div B - C = 12$$

$$A - B = 84$$

(△△중학교)

1. 우선 왼쪽 아래의 첫 번째 숫자가 8이라는 점에 주목합니다. 그러면 그 바로 위의 □에 들어갈 수 있는 숫자는 7이나 8밖에 없습니다. 그런데 오른쪽에서처럼 7을 넣으면 옳지 않다는 사실을 금방 알 수 있습니다. '한 자릿수끼리의 곱셈'을 해서 십의 자리가 70이 되는 것은,

$$8 \times 9 = 72$$

뿐인데, 이것을 넣으면 2의 바로 위에 있는 □에 어떤 숫자를 넣어도 72의 바로 아래가 88이 되지는 않기 때문입니다. 이렇게 해서 8을 넣으면 십의 자리가 80이 되는 한 자릿수의 곱은,

$$9 \times 9 = 81$$

뿐입니다. 그 결과 곱셈의 일부는 오른쪽과 같다는 사실을 알 수 있습니다. 그러면 일의 자릿수의 값만 모르므로, 가령 가장 큰 수 9를 넣고, 88889를 9로 나누어 봅니다. 그러면,

$$88889 \div 9 = 9876 \cdots\cdots \text{나머지 } 5$$

가 되므로,

$$88889 - 5 = 88884$$

가 곱의 값이 됩니다.
그다음은 □를 만족시키는 숫자를 하나씩 찾아나갈 수 있고, 오른쪽과 같은 결과가 나옵니다.

2. A÷B를 D라 하면, 첫 번째 식은 D ÷ C = 5입니다. 따라서 D는 C의 5배라는 사실을 알 수 있으므로, D−C는 당연히 C의 4배입니다. 그런데 두 번째 식 안에 있는 A÷B를 D로 바꾸면, D − C = 12가 되므로 C는, C = 12 ÷ 4 = 3으로 그 값이 정해집니다. 이로부터, D = 3 × 5 = 15가 된다는 것을 알 수 있습니다. 이때 D를 원래의 A÷B로 되돌리면, A ÷ B = 15입니다. A는 B의 15배가 됨을 알 수 있으므로, A−B는 B의 14배입니다.

여기서 세 번째 식을 보면,
A − B = 84이므로 B는,
B = 84 ÷ 14 = 6으로 그 값이 정해집니다. 그러면 A는 그 15배이므로,
A = 6 × 15 = 90이 됩니다. 이로써 A, B, C의 값이 모두 정해집니다.

시험이 끝나자 다음에도 다시 이런 문제로 시험을 치르고 싶다는 아이들이 많았습니다. 꾸준히 실행한 반복 학습이 어느 정도 성과가 있는지 알고자 시작한 일이었는데, 아이들에게 자신감과 의욕을 더해주는 성과로 이어지게 되었던 겁니다.

처음 문제를 봤을 때는, 교과서와 100칸 계산 말고는 특별한 훈련이라고는 하지 않았던 아이들에게 너무 어려운 문제라는 생각을 했습니다. 이 문제들은 그동안 학습한 내용들을 한꺼번에 응용할 수 있는지를 묻는 것들이었고, 전형적인 문제라기보다는 새로운 각도에서 문제를 바라보는 시각도 요구하는 문제들이었기 때문입니다. 바로 이런 것들이야말로 중학교와 고등학교 과정으로 올라갈수록 더 많이 요구되는 능력들이지요.

그런데 절반이 넘는 아이들이 혼자 힘으로 이 문제들을 풀어냈습니다. 단순하기 그지없어 보였던 100칸 계산과 나눗셈 100문항의 반복 연습이 어떻게 이런 힘들을 길러줄 수 있었을까요? 아마도 뇌가 활성화되면서 학습하는 데 필요한 여러 가지 사고 능력도 함께 길러진 것은 아닐까 합니다. 이번 승부의 수업 문제와 같은 응용 문제에서 요구하는 사고력은, 평소에 교과서뿐만 아니라 독자적인 문제집으로 연습해야만 가질 수 있는 능력입니다.

쓰치도 초등학교에서는 한 단원이 끝날 즈음 선생님들이 직접 만든 문제 풀이용 과제물로 반복 학습을 시키고 있습니다. 그 결과로 아이들의 학력이 높아지고 있지요. 아이들은 정기적으로 반복 학습하지 않으면 금방 잊어버립니다. 6학년을 맡고 있는 히라타 선생님이 손수 만든 예제를 몇 가지 소개해 놓았습니다.

여기에 소개된 것들은 6학년 수학 과정에서 아이들이 비교적 틀리기 쉬운 '배와 비율'을 묻는 문장형 문제를 선분도(문제에서 주어진 수의 크기를 선분으로 표현하는 그림) 활용을 통해 푸는 문제입니다. 선분도를 활용해 푸는 문장형 문제는 일정한 형태만 외워두고 반복적으로 연습만 하면, 약간 변형된 문제라도 별다른 어려움 없이 완벽하게 처리할 수 있습니다.

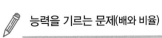

능력을 기르는 문제(배와 비율)

이름 (   )

① 김 씨의 밭에서는 올해, 720킬로그램의 무를 수확했습니다. 이는 작년 수확량의 6/5에 해당합니다. 작년에 수확한 무의 양은 몇 킬로그램일까요?

선분도 ————————————————

식

답 ————————

② 어떤 학교의 6학년 남학생 수는 81명인데, 이는 6학년 여학생 수의 90퍼센트에 해당합니다. 6학년 여학생 수는 몇 명일까요?

선분도 ————————————————

식

답 ————————

③ 공 던지기를 했습니다. 유미는 16미터를 던졌습니다. 민주는 유미의 7/4배 거리까지 던졌습니다. 민주는 몇 미터 던졌습니까?

선분도 ————————————————

식

답 ————————

능력을 기르는 문제 해답

이름 (   )

① 김 씨의 밭에서는 올해, 720킬로그램의 무를 수확했습니다. 이는 작년 수확량의 6/5에 해당합니다. 작년에 수확한 무의 양은 몇 킬로그램일까요?

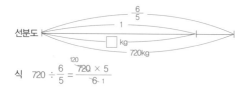

식 $720 \div \dfrac{6}{5} = \dfrac{\overset{120}{720} \times 5}{\underset{1}{6}}$

답   600kg

② 어떤 학교의 6학년 남학생 수는 81명인데, 이는 6학년 여학생 수의 90퍼센트에 해당합니다. 6학년 여학생 수는 몇 명일까요?

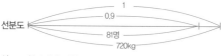

식 $81 \div 0.9 = 90$

답   90명

③ 공 던지기를 했습니다. 유미는 16미터를 던졌습니다. 민주는 유미의 7/4배 거리까지 던졌습니다. 민주는 몇 미터 던졌습니까?

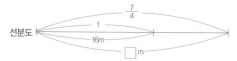

식 $16 \times \dfrac{7}{4} = \dfrac{16 \times 7}{\underset{1}{4}}$

답   28m

완전히 달라진
우리 아이들

읽기, 쓰기, 계산하기를 중심으로 교육을 실천한 지 반년 정도 지나자 아이들에게 상당한 변화가 생겼습니다. 사고 능력뿐만 아니라 지구력과 문제 해결 능력 등에서도 두드러지는 향상을 보인 것입니다. 이따금 학교에 찾아오는 사람들도 "아이들의 눈빛이 전과 달리 매서워 보이네요" 같은 말들을 자주 하고는 합니다.

　특히 그런 변화는 아이들이 스스로 조직하고 만들어가는 연구 발표회 같은 조별 활동에서 두드러지곤 합니다. 쓰치도 초등학교에는 '향토 과목'이라는 것이 있습니다. 지역에 관한 구체적인 활동이나 체험을 통해, 지역에 대한 이해와 애정을 키우고 그 장점을 소중히 지키기 위한 주체적인 생활관을 확립하는 과목이지요. 한국에서 사회 과목 시간에 하는 '우리 고장 조사하기'와 비슷한 수업입니다. 한번은 6학년 학급에서 이 수업을 공개적으로 발표할 기회가 있었습니다.

중심 소재는 《방랑기放浪記》로 유명한 작가 하야시 후미코林芙美子가 쓰치도 초등학교에 있는 오노미치에 머물던 시절의 이야기를 담은 《풍금과 어촌風琴と魚の町》으로 선택했습니다. 작품 안에는 돌계단이 많은 초등학교 얘기가 나오는데, 그것이 바로 쓰치도 초등학교이지요. 이 소설에는 지금까지 이어져 내려오는 오노미치의 아름다움, 활기, 신선함이 아주 사실적으로 묘사되어 있습니다.

아이들은 '오노미치의 멋'을 참관자 모두에게 전하기 위해, 《풍금과 어촌》을 손때가 묻도록 읽고, 나름대로 해석도 하고, 조사 활동도 벌이면서 발표회를 준비했습니다. 연극 대본을 만드는 아이도 있었고, 앞장서서 반 아이들이 조사 활동을 하는 모습을 촬영하고 영상을 편집하는 일을 맡은 아이도 있었습니다. 발표 당일에도 모든 아이들이 직접 발표회를 진행했습니다. 나는 아이들이 적극적으로 기획에 참여하고, 한마음으로 작업을 진행하는 모습을 보면서, 그때까지 반복된 기초 학습을 통해 다진 기본적인 능력이 아이들을 변화시켜 놓았다는 것을 확연히 느낄 수 있었습니다.

어떤 아이는 발표회를 준비하는 동안 자신이 느낀 점을 이렇게 적었습니다.

발표회를 위해 내가 맡은 일은 영상으로 발표 내용들을 미리 소개하고 설명하는 일이었습니다. 처음에는 무슨 말부터 해야 할지 몰라 잠시 머뭇거리기도 했습니다. 하지만 곧 상황에 적합한 이야기를 떠올릴 수 있었습니다. 예전의 나 같았으면 그렇게 금방 할 말을 찾을 수 없었을 것입니다. 순간적으로 말문을 트고 위기를 모면한 내 모습에 스스로도 깜짝 놀랐습니다. 그리고 촬영 중간에 긴 대사를 말해야 하는 순간이 있었는데, 그것 역시 별다른 실수 없이 해낼 수 있었습니다. 이 역시 나로서는 깜짝 놀랄 만한 일이었습니다. 이런 모든 것들은 그동안 암기하는 힘과 쓰는 힘을 기른 덕분인 것 같습니다.

누구나 위 글을 보면 아이가 지금까지는 겪어보지 못했던 새로운 경험에 매우 만족스러워하고 있다는 것을 여실히 느낄 수 있습니다. 나 또한 시시때때로 아이들에게서 그런 것들을 발견하고 놀라곤 합니다.

그리고 또 다른 아이는 자기 의견을 주저 없이 발표할 수 있게 되었다는 글을 적었습니다.

이제 나는 내 의견을 언제 어디서나 자신 있게 발표할 수 있게 되었습니다. 예전에는 혹시 망신을 당하지나 않을까 주저할 때가 많았는데, 지금은 잘 모르거나 확신을 갖지 못할 때에도 전혀 망설이지 않습니다. 그래서 발표 시간이 끝난 뒤, '아, 그때 발표를 했어야 했는데' 하며 후회하는 일도 없습니다.

그 결과 예전과는 달리 어떤 것을 배우든지 금방 이해가 되는 듯합니다. 올바르게 이해만 하고 있으면 설명도 쉽게 할 수 있기 때문에, 내가 발표하는 횟수도 늘었습니다. 앞으로도 의견을 자주 발표해 활기차고 즐겁게 수업하겠습니다.

100칸 계산, 한자의 조기 공략, 암기 학습은 낯선 방법이어서, 처음에는 여러 선생님들이 혼란스러워하기도 하고 익숙지 않은 분위기에 고생을 하기도 했습니다. 아이들도 지금까지는 겪지 못한 색다른 학습법에 적응하느라 나름대로 마음고생이 심했을 것입니다. 그러나 이제 아이들은 학력만 높아진 것이 아니라 집중력이나 지구력, 역경에 굴하지 않는 강인한 정신력까지 갖추게 되었습니다. 또 아이들뿐만 아니라 선생님들 역시 자신감과 성취감을 갖게 되었습니다.

3장

가정에서 키우는
공부 습관

반복 학습에는
가정이 최적의 장소

학습 방법에는 두 가지가 있습니다. 한 가지는 체험 학습이고 나머지 하나는 반복 학습, 또는 암기 학습이지요.

한동안 암기 학습의 폐해가 지적되면서, 최근에는 체험 학습으로 무게 중심이 옮겨졌습니다. 그러나 체험 학습만을 중시하며 반복 학습을 소홀히 하다 보면, 아이들의 학력에 구멍이 날 수밖에 없습니다. 반복적인 문제 풀이를 바탕에 두지 않을 때, 체험으로 이루어진 학습은 지식으로 정착할 수 없기 때문입니다. 종이 위에서 이루어지는 반복 학습이 없으면, 체험을 통해 얻은 것들은 모두 오른쪽에서 왼쪽으로 물 흐르듯이 빠져나가고 맙니다. 따라서 체험을 통해 얻은 여러 가지 지식들을 탄탄하게 다지기 위해서는 기초학력을 높여주는 반복 학습이 반드시 필요합니다.

그런데 중요한 것은 이런 반복 학습을 하기에 가장 좋은 곳은 학교가 아니라 가정이라는 사실입니다.

물론 과학 실험 같은 체험 학습은 학교가 아닌 곳에서는 할 수 없습니다. 이런 것을 가정에서 한다는 것은 무리입니다. 하지만 똑같은 계산식을 반복하는 100칸 계산이나, 교과서나 고전을 소리 내어 읽고 암송하는 일들은 수업 시간보다는 가정에서 부모님과 함께 할 때 더 큰 효과를 볼 수 있습니다. 뿐만 아니라 암기 과목의 문제 풀이나 사전 찾기도 가정에서 반복해 공부하는 것이 더 큰 도움이 되지요.

여기에서 우리는 오늘날 가정학습의 역할에 대한 실마리를 찾을 수 있습니다. 오늘날 학교에서는 아이들의 학습 부담을 줄이는 방향으로, 그리고 체험을 중요하게 생각하는 방향으로만 가고 있습니다. 반면 부모들은 막연한 불안감에 아이들의 학력을 보충하겠다는 생각으로 아이들을 온갖 과외로 내몰고 있습니다. 짧은 시간 동안 아이들이 접하는 지식과 정보의 양은 예전보다 훨씬 많아졌습니다. 하지만 아이들이 그것들을 자기 지식으로 만드는 과정을 소홀히 하다 보니, 학습 능력은 떨어지고 있는 것이지요.

지금 아이들에게 필요한 것은, 짧은 시간에 보다 많은 경험들을 자기 것으로 빨아들일 수 있도록 만드는 기초학력과 반복 학습입니다. 아이들이 기초학력을 갖추도록 돕는 일이 바로 가정학습의 가장 중요한 역할입니다. 반복 학습은 학교나 학원에서 시키는 것보다는 가정에서 잡아주는 것이 더 효과적입니다.

학교 안에서 이루어지는 체험 학습과 가정 안에서 이루어지는 반복 학습이 어우러졌을 때, 비로소 아이들의 기초학력이 높아질 수 있습니다.

체험 학습에는
한계가 있다

수험을 위한 학습이 주를 이루던 때에는, 단편적인 지식을 기억하려는 경쟁이 치열했습니다. 그런 경쟁이 아이들에게 여러 문제를 일으키자, 그것을 개선하고자 체험 학습을 중시하는 경향이 강해졌는지도 모릅니다.

그런데 그 결과로 초등학교를 둘러싸고 암기 학습과 체험 학습이 대립적인 관계에 있다는 오해가 번졌습니다. 최근에는 '체험 학습이 주체적 학습이고, 말을 통해 외우는 학습은 수동적'이라는 의견이 교육계에서 정설처럼 받아들여지고 있기까지 합니다. 하지만 전혀 그렇지 않습니다. 어떤 공부법이든 아이들의 학력 증진을 위해 각각 맡은 역할이 있기 때문입니다. 상호 보완적인 관계에 있어야 할 두 학습법을 대립적인 관계로 보는 것 자체가 커다란 오류는 아닐까요?

나도 한때는 체험 학습을 중시했습니다. 역사 공부를 위해 고대 무덤으로 아이들을 데려가 토기를 직접 발굴하고, 중세의 민가를 견학하러 다니는 등 가급적 현장에 직접 찾아가기 위해 애썼지요. 또 교육용 슬라이드도 만들어, 아이들이 이론적으로도 이해할 수 있도록 노력을 기울였습니다.

그러고는 학년 말 시험을 준비하면서, 아이들에게 그 어느 해보다도 좋은 결과가 나올 것이라는 자신감을 가졌지요. 그리고 마침내 시험을 보았습니다. 결과는 과연 어땠을까요? 한마디로 참담했습니다.

지금 돌이켜 보면 당연한 일인 것 같습니다. 이해하는 것과 외우는 것은 분명 다르니까요. 흔히들 몸으로 직접 겪은 경험이어야만 오래도록 기억으로 남는다는 말을 합니다만, 이 말은 어떻게 해석하는지에 따라 엄청난 차이가 생깁니다. 우리는 날마다 수만 가지 체험을 하며 사는데, 그 모든 것을 확실하게 기억하며 살고 있나요? 오히려 대다수 체험은 잊고 특별한 체험만, 그중에서도 자신과 직접적인 관련이 있는 것만을 기억하지요.

나는 시각적인 장면보다는, 언어로 된 것이 훨씬 더 잘 외워진다고 생각합니다. 말이란 여러 가지 사상을 짧게 응축해 이해하기 쉽게 바꾼, 기호 같은 것이기 때문이지요.

원인이 어디에 있든, 그 참담한 시험 결과를 바꾸어놓을 뭔가 획기적인 학습 방법이 필요한 것은 확실했습니다. 그때 내가 떠올린 것이 철저한 반복 학습이었습니다. 그렇다면 역사와 같은 사회 과목의 반복 학습은 무엇을 가지고 어떻게 해야 할까요?

역사 과목에는 반드시 외워야 하는 것들이 있습니다. 아무리 체험 학습이 좋다고 하더라도, 그 내용을 외워두지 않으면 경험을 지식으로 남겨놓을 수 없습니다. 따라서 나는 사회 과목 같은 경우에는 반드시 외워야 할 것들만 따로 정리해, 아이들이 학습 내용을 집중적으로 외울 수 있도록 만들었습니다. 이것은 내용을 한정하는 것이기 때문에 아이들에게 암기해야 한다는 부담은 오히려 줄어듭니다. 그러면 아이들이 그 시간만큼 체험 학습을 통해 확인하는 시간을 늘릴 수도 있지요.

기본적인 것들을 암기할 때 필요한 반복 학습법은 간단합니다. 반드시 외워야 하는 것들을 일문일답의 퀴즈 형식으로 정리해, 여러 번 소리 내어 읽는 거지요. 일문일답식 문제에 대해서는 비판이 적지 않습니다. 하지만 일문일답식 문제는 다양한 문제 유형에 적응하지 못하는, 학력이 높지 않은 아이들까지도 공부에 끌어들일 수 있다는 장점이 있지요.

암기 사항을 정리할 때 주의할 점은 '꼭 외워야 할 기초적인 사항'만을 추려야 한다는 점입니다. 암기 내용이 10장이 넘어가면 아이들의 의욕이 꺾이기 쉬우니까요. 한 과목에서 암기해야 할 내용을 가급적 적은 분량으로 제시해줄 때, 아이들은 '이것만 외우면 된다고?' 하는 생각에 의욕을 갖습니다.

이런 일문일답식 문제를 아이들에게 제시해주면, 처음에는 배운 내용인데도 답을 기억해내지 못하는 자신에게 스스로 놀라는 아이들도 많습니다. 이 같은 과정을 통해 자기가 모르고 있는 것이 어떤 부분인지 아는 것도 큰 공부가 됩니다.

그다음 아이들은 완전히 체득이 될 때까지 똑같은 일문일답식 문제로 반복 학습을 합니다. 이 단계를 위해서라도 정리한 내용을 최소한으로 만드는 것이 좋습니다. 내용이 너무 많으면 효과도 적고 시간도 많이 걸리니까요.

단순해 보이는 문제를 소리 내어 읽는 것이 효과가 있을까 싶을 수도 있겠지만, 이런 반복 훈련이야말로 기억한 것을 오래 남게 하는 데 큰 효과가 있습니다. 또 이런 공부를 통해 기초 지식을 갖춘 아이는 체험 학습을 하거나 사고력을 요구하는 문제를 만날 때에도 훨씬 나은 적응력을 보입니다.

똑같은 일문일답식 문제를 여러 번 반복해 공부하면, 자연스럽게 정답률이 높아집니다. 하지만 좀처럼 외우지 못하는 아이도 있기 마련이지요. 그런 아이들을 살펴보면, 그 과목에 등장하는 중요한 용어들을 잘 이해하지 못하고 있는 경우가 많습니다. 그런 아이들에게는 용어부터 이해시켜야 합니다. 이 경우에도 문장을 반복해 읽도록 하는 방법이 효과적입니다. 반드시 외워야 할 용어를 알기 쉽고 읽기 편한 문장으로 정리해, 아이들이 여러 번 소리 내어 읽으면서 자연스럽게 외우도록 하는 것이 좋습니다.

아이들이 역사 과목의 암기 시험들을 반복해 연습하도록 하기 위해 내가 만들었던 문제들은 다음과 같은 것이었습니다.

1. 1만 년 전에 물건을 자르기 위해 인류가 만들었던 도구는 무엇입니까? 　　　　　　　　　　　　　　　　　　돌칼
2. 1만 년 전부터 흙을 구워 생활 도구를 만들었던 시대를 뭐라고 합니까? 　　　　　　　　　　　　　　　　석기시대

이런 식으로 만들었더니 뜻밖에도 겨우 일곱 장으로 모든 내용이 정리되더군요. 그동안 암기 공부는 아이들에게 큰 부담을 준다는 비판이 많았는데, 초등학교 때 외워야 하는 역사와 사회 내용이 겨우 일곱 장뿐이라니 놀라운 일이었습니다.

이렇게 만든 역사 문제집으로 아이들은 가을 학기부터 암기 공

부를 시작했습니다. 나는 아이들이 우선 도전해보고 풀지 못하는 문제는 표시를 하고 노트에 옮겨 적게 했습니다. 그러면 다음 시험을 치를 때 문제를 처음부터 다시 외울 필요가 없으니까요.

분량이 적으니 반복 학습은 일곱 번 정도만 하자는 생각에서 시작했는데, 다섯 번쯤 반복하자 거의 모든 아이들이 90점 정도를 맞을 수 있게 되었습니다.

여섯 달이 지나고 학교 바깥에서 테스트를 치러보았습니다. 그런데 그 문제들은 대체로 너무 어려웠습니다. 내가 만든 유형의 문제는 거의 없고, 사고력을 요구하는 문제만 가득했습니다. 아이들이 시간 안에 풀 수 있을까 걱정하며 시험을 치렀는데, 채점 결과를 보고 놀라지 않을 수 없었습니다. 전국 평균보다 점수가 낮은 아이가 한 사람도 없었던 것입니다. 단순해 보이는 기초 반복 학습이 사고력을 요구하는 문제까지도 학생들이 적응할 수 있도록 만들어주었던 것이지요.

내용은 한정하고
방법은 간단하게

아이들에게 도전할 의욕을 불러일으키기 위해서는, 우선 학습 내용이나 교재를 한정해야 합니다.

내가 아이들에게 계산하기 연습으로 제시했던 100칸 계산은 덧셈, 뺄셈, 곱셈 유형 하나씩과 나눗셈 유형 세 가지가 전부였습니다. 국어 시간에는 아이들이 한 해 동안 익혀야 할 기초 한자를 학기 초에 모두 배우도록 하였는데, 분량은 두 주 동안 학습할 수 있는 정도였습니다. 또 역사 및 사회 과목을 암기하도록 정리한 내용은 단 일곱 장이었습니다. 이런 식으로 압축해 제시한 것은 아이들에게 '이

것만 끝내면 된다'는 생각을 주기 위한 것이었습니다.

사람이란 목적지를 모르고 달리면 거리가 멀든 가깝든 정신적인 압박을 느끼기 마련입니다. 반면 다소 먼 거리라도 목적지가 어디인지 알고 있으면 최선을 다할 수 있는 것이지요.

특히 아이들의 실력이나 노력은 실질적인 능력에 따라 달라지는 것이 아니라, 정신적인 부분에 따라 달라지는 경우가 많습니다. '역사 과목 전부, 1년 동안 배울 한자 모두' 같은 막연한 목표를 제시하면, 아이들이 부담을 느끼고 외면하기 쉽습니다. 반면 '100칸 계산'이나 '일곱 장짜리 문제집'처럼 만만하게 느껴지는 학습량을 제시하면, 아이들이 의욕을 가지고 달려들기가 쉽습니다.

선생님이나 부모가 '이것만 하면 된다'는 생각이 들 정도라면, 나아가 '겨우 이것뿐이야?'라는 말이 나올 정도로 학습 내용을 한정해줄 수 있다면, 절반은 성공한 것이나 다름없지요.

공부하기 싫어하는 아이들은 대개 학습 능력이 조금 뒤떨어져 있는 경우가 많습니다. 이런 아이들은 선생님이 똑같은 내용을 얘기하더라도 조금만 다른 각도에서 접근하거나, 이런저런 방법으로 바꿔가면서 얘기하면 잘 알아듣지 못합니다. 따라서 학습 능력이 어느 정도 궤도에 오르기까지는 배워야 할 내용을 아주 단순한 형태로, 또 매번 같은 형태로 전달해야 합니다.

역사를 비롯한 사회 과목의 경우, 나는 일문일답식 문제로 정리해 아이들에게 제시하고는 하는데, 이 방법은 너무 단순하고 획일적이라는 이유로 많은 선생님들에게 비판을 받기도 합니다.

하지만 반복해 학습을 하려면 방법이 복잡해서는 안 됩니다. 만약 역사 과목 문제집이 복잡한 개념과 사고력을 요구하는 것이었다면, 아이들은 문제집을 한 번 접하는 것만으로도 쉽게 지쳤을 것입니다. 일문일답식으로 구성되었기 때문에 음독과 암기가 여러 차례 가능했던 것이고, 결과적으로 학습 능력이 뒤떨어지는 아이까지도 실력을 높일 수 있었던 것입니다.

마찬가지로 수학의 경우에는 100칸 계산법을 제시하고, 국어의 경우에는 고전을 암기해 음독하는 방식을 제시했습니다. 언제나 아주 단순한 방법을 적용시킨 것이지요.

언뜻 생각하기에는 학습 능력이 뛰어난 아이에게는 획일적인 학습이 지루하지 않을까 싶을 수도 있습니다. 하지만 학습 능력이 뒤떨어지는 아이에게 좋은 방법이란, 곧 학습 능력이 뛰어난 아이에게는 더할 나위 없이 좋은 방법이라는 얘기입니다. 복잡하지 않은 방법을 선택해야 지치지 않고 반복할 수 있고, 또 그 과정에서 자신의 실력이 올라가는 것을 느낄 수 있기 때문에 학습 능력이 뛰어난 아이에게도 역시 단순한 접근 방법이 가장 효과적입니다.

다시 말해, 학습 능력이 높은 아이든 낮은 아이든 만만하게 접근하고 성취감을 느끼도록 하려면, 아이들이 가정에서 공부할 때도 형식은 단순할수록 좋습니다.

100칸 계산 연습을 위한
다섯 가지 철칙

지금까지 반복 연습을 위해 펴낸 반복 연습 문제집 중에서 가장 유명해진 것이 '100칸 계산 문제집'입니다. 그만큼 많은 학생과 선생님, 학부모님이 관심을 보였다는 얘기지요.

그런데 100칸 계산법은 내가 처음 고안해낸 것은 아닙니다. 내 스승이기도 한 기시모토 히로시 선생님을 중심으로 '학력의 기초를 다져 낙제생을 없애는 연구회'라는 모임이 생겼는데, 이 모음을 통해 알려진 것이었지요. 물론 나도 그 연구회의 일원이었고요.

'낙제'라는 말이 유행처럼 번지던 시절, 낙제생을 줄이기 위한 대책 가운데 한 가지로 만들어지고 소개된 학습 방법이, 얼마 지나지 않아 폭넓게 확산된 것입니다.

하지만 '여유 있는 교육'(일본어로는 '유도리ゆとり 교육.' 일본에서 1980년대부터 2010년 초까지 실시된 교육정책으로, 주입식 교육에서 벗어나 여유로운 학교생활을 지향하는 내용을 담고 있습니다 – 옮긴이)이 중시되는 분위기 속에서 100칸 계산은 지지만큼이나 많은 비판을 받기도 했습니다. 어떤 사람들은 '주입식 교육 그 자체다'라고 비판하며 눈엣가시 같은 방법으로 지목하기도 했습니다. 또 어떤 사람들은 '낙제라는 말 자체가 차별적이다', 또는 '구구단을 외우지 못한다고 해서 인간성을 부정할 수는 없다'며, 수업을 따라가지 못하는 아이들을 도우려는 우리의 노력을 비판하고 나섰습니다.

또 100칸 계산법을 비판의 도마 위에 오르게 한 원인 중에는, 100칸 계산을 하다 도리어 학습 의욕을 잃어버린 아이들도 있었습니다. 하지만 이것은 가정이나 학교에서 아이의 기존 학력 수준을 무시한 채 억지로 100칸 계산을 시킨 결과였습니다. 100칸 계산법이 문제가 아니라, 올바른 실천 방법을 제대로 알려고도 하지 않고 선생님과 부모님이 무작정 아이들에게 문제지만 들이댄 데 원인이 있었던 것이지요.

가정에서 100칸 계산을 시작하려고 시도하는 부모들 가운데는 1학년 자녀를 둔 경우가 정말 많습니다. 이것은 1학년 자녀를 둔 부모의 교육열이 가장 높다는 사실을 반영하는 결과라고 할 수 있겠지요. 그러나 1학년이면 이제 겨우 덧셈을 배운 아이들입니다. 그런 아이들에게 어느 날 갑자기 100칸 계산 문제지를 내밀며 억지로 시키니 당연히 따라가지 못할 수밖에 없지요. 또 쉽게 따라갈 수 없으니 아이들이 재미없어 하는 것도 당연하고요.

어떤 부모들은 시간을 줄이는 데 너무 집착해 '아이가 100칸 계산을 하는데 시간을 단축시키지 못한다'며 불안해합니다. 아이가 그런 것에 얽매이더라도 의기소침해지지 않도록 이끌어주어야 할 부모가, 더 초조해하면서 아이를 나무라거나 꾸짖으면 아이는 아예 의욕을 잃어버리고 맙니다. 그래서는 기초학력을 늘리기는커녕 오히려 수학을 싫어하는 아이가 될 위험까지 있습니다.

이런 경우들을 보면서 나는 '어떻게 하면 아이가 중도에 포기하지 않게 할 수 있을까?', '어떤 방법으로 지도해야 무리 없이 시간을 단축할 수 있을까?' 하는 고민을 떠올리게 되었습니다.

그 결과로 생각해낸 방법이 '보름 동안 같은 문제를 계속 반복 연습한다'는 것이었습니다. 그리고 그것을 실천할 수 있도록 만든 문제집이 한국에서도 출간된《기적의 계산법》으로, 이 책은 일본에서만도 300만 부를 넘는 판매고를 올린 베스트셀러입니다.

그렇지만 이 교재는 본래 초등학교 3, 4학년 이상을 모델로 만든 것입니다. 1, 2학년 아이들이라면 100칸 계산에 들어가기에 앞서 준비 단계를 거쳐야 합니다. 준비 단계를 철저히 밟아나간다면, 1, 2학년뿐 아니라 미취학 아동이라도 자연스럽게 100칸 계산에 적응할 수 있을 것입니다.

이 밖에도 100칸 계산 문제집을 보기 전에 알아두어야 할 것들이 있습니다. 약을 먹기 전에 약의 복용 방법을 알아두지 않으면 오히려 건강을 망치는 것처럼, 실천 방법을 제대로 알지 못한 상태에서 무작정 100칸 계산을 강요하다 보면 아이들의 평생 공부를 망칠 수도 있습니다.

✚ 첫째, 무리한 것을 강요하지 말기

《기적의 계산법》은 초등학교 3, 4학년을 대상으로 한 것입니다. 만약 1, 2학년 학생에게 적용하려 한다면, 처음에는 시간에 얽매이지 말고 아이들이 스스로 끝까지 푸는 것에 초점을 맞추십시오. 특히 저학년인 경우에는 굳이 100칸을 고집할 필요가 없습니다. 처음에는 10칸이나, 25칸 정도로 시작해도 충분합니다.

100칸 계산 문제지에는 가로 10칸, 세로 10칸에 숫자가 적혀 있습니다. 부모가 아직 충분히 계산을 연습해보지 않은 1학년 아이에게 느닷없이 100칸을 모두 계산해 채우라고 하면, 아이는 계산하는 도중에 집중력을 잃어버리고 말 것입니다. 그러면 시간은 시간 대로 지체되고, 아이는 처음에 가졌던 호기심과 의욕마저 잃어버리기 십상입니다.

쓰치도 초등학교의 1학년 아이들은 2학기부터 100칸 계산을 합니다. 하지만 이 아이들은 100칸 계산을 하기 전에 날마다 수업을 통해 받아 올림이 없는 덧셈부터 시작해 받아 내림이 있는 뺄셈까지 차근차근 학습하고, 계산 카드를 통해 계산 연습을 반복했습니다. 이처럼 기본적인 계산 방법을 확실하게 익힌 상태에서 10칸 계산부터 시작해 25칸 계산, 49칸 계산 등의 과정을 거치고, 2학기가 되어서야 100칸 계산을 시작한 것이지요.

'계산 카드'란 앞면에는 '5+7='이라든가 '9÷3='과 같은 간단한 계산식이 하나씩 적혀 있고 뒷면에 답이 적혀 있는 카드를 말하는 것으로, 누구든 쉽게 만들 수 있는 것입니다. 선생님이나 부모님이 그런 카드를 보여주면 아이가 '12'라든가 '3'과 같은 답을 소리 높여 말하는 식으로 활용할 수 있지요. 아이들의 계산 능력을 높이는 데 아주 효과적인 도구입니다.

10칸 계산 문제지는 100칸 계산 문제집에서 맨 위의 한 줄만 뽑아내 만든 것입니다. 분량이 적어 연습하는 데 오랜 시간이 걸리지 않기 때문에 계산에 익숙하지 않은 아이들도 부담 없이 시작할 수 있습니다. 저학년 아이들의 집중력을 끌어내는 데 초점을 맞춘 것이지요. 그런 다음, 아이들이 어느 정도 집중력이 생기면 부모는 10 칸을 25칸, 50칸, 100칸으로 차츰 늘려갑니다. 이런 식으로 아이에게 무리를 주지 않으면서 집중하는 시간을 늘려가야 하지요.

저학년 아이들이 부딪치는 첫 번째 벽은, 받아 올림이나 받아 내림이 있는 계산 문제입니다. 따라서 부모님은 아이들이 처음에는 받아 올림과 받아 내림이 없는 문제만 골라 집중적으로 연습을 하고, 받아 올림이 있는 덧셈과 받아 내림이 있는 뺄셈의 계산 방법을 학습한 다음, 그런 문제로 옮겨가도록 해야 합니다. 문제집을 활용하는 경우에도 아이들은 처음 얼마 동안은 받아 올림과 받아 내림이 없는 문제만 골라 푸는 것이 좋습니다. 그리고 아이가 이것에 차츰 익숙해졌다고 느껴지면, 그다음에는 받아 올림이 있는 문제만 집중적으로 공략하면 좋지요.

쓰치도 초등학교 1학년 학생들은 2학기로 들어선 9월 중에 받아 올림이 있는 덧셈을 배웠는데, 그다음에 계산 카드와 10칸 계산을 거쳐 100칸 계산을 시작했을 때에는 11월 중순을 훌쩍 넘겨버렸습니다. 그 과정까지 이르는 데 두 달도 넘게 걸린 셈이지요.

2학년 학생들도 3학기 때부터 곱셈의 100칸 계산을 시작했는데, 이 아이들 역시 먼저 10월에 곱셈을 배우기 시작하고 구구단 외운 다음, 계산 카드를 통해 학교와 가정에서 날마다 연습을 했습니다. 그리고 나서 10칸 계산을 마치고 49칸 계산에 도달하기까지는

2학년 전부를 쏟아 부었지요.

10칸 계산이나 25칸 계산을 연습하는 과정은 기간으로 봐서는 그다지 길지 않습니다. 하지만 아이들이 벽에 부딪치는 일 없이 100칸 계산에 익숙해지도록 만들기 위해서는 결코 소홀히 여길 수 없는 과정이지요.

✚ 둘째, 날마다 연습하기

100칸 계산뿐 아니라, 이전 단계인 10칸 계산과 49칸 계산, 또는 음독이나 사전 찾기를 할 때에도, 아이들이 하루도 빠짐없이 반복 연습을 하는 것이 중요합니다.

다른 학습을 하기 전에, 아이들이 짧은 시간만이라도 100칸 계산이나 음독 같은 반복 학습을 연습하도록 하세요. 이것은 마치 운동을 본격적으로 시작하기 전에 준비운동을 통해 몸을 풀어 체온을 유지하는 것과 마찬가지입니다. 두뇌도 본격적인 학습을 앞두고 준비운동을 해주는 것이 집중력을 높이고 오래 기억하는 데에도 도움을 줍니다.

또한 100칸 계산으로 날마다 뇌를 활성화시키는 작업을 반복하면 아이들의 실력에 엄청난 변화가 나타납니다. 그 변화란 곧 학습 능력의 향상을 의미하지요. 단, 짧은 시간을 연습하더라도 하루도 빼놓지 않고 했을 때 얘기입니다.

100칸 계산을 수업 방식으로 받아들이는 학교도 점점 많아지고 있습니다. 그런데 그중에는 원칙 없이 어떤 날은 하고 어떤 날은 건너뛰는 경우도 있고, 때로는 시간도 재지 않고 아이들 마음대로 연습하도록 하는 경우도 있는 것 같습니다. 그래서는 충분한 효과를 얻기 어렵습니다. 학교에서 매일 연습할 수 없다면, 학생들이 집에서라도 연습을 거르지 않고 매일 하는 것이 필요합니다.

✚ 셋째, 반드시 시간을 재기

앞에서 아이가 저학년일 때는 시간에 너무 얽매이지 않아도 괜찮다고 말했습니다. 하지만 본격적인 연습에 들어가는 3학년 이상인 학생들은 반드시 시간을 측정해가며 공부해야 합니다.

이때 명심할 것은, 시간을 재는 것이 다른 아이와 경쟁하기 위해서가 아니라는 점입니다. 어디까지나 어제의 자기 시간과 오늘의 기록을 비교해 얼마나 나아졌는지 알기 위한 것이지, 결코 다른 친구와 비교하기 위한 것이 아닙니다. 아이가 다른 사람과 비교해 실망하거나 우쭐할 필요가 없다는 얘기입니다. 이것은 선생이나 부모뿐 아니라 아이들도 오해하지 말아야 합니다.

시간을 재는 또 다른 목적은 아이들의 의욕을 이끌어내는 것입니다. 부모님은 아이가 조금씩이라도 스스로가 더 나아지고 있다는 것을 느끼게 해주어야 합니다. 아이들은 시간 단축이라는 눈에 보이는 성과가 있을 때 더 열심히 하고 싶어지거든요.

계산 실력이 뒤떨어지는 아이라면 우선 100칸을 끝까지 채우는 습관을 들이는 일이 중요합니다. 처음에는 채우는 것 자체가 힘든 일이겠지만, 날마다 반복해 연습하면 시간은 반드시 단축되기 마련입니다. 그렇게 해서 조금씩 단축되는 시간은 아이에게 힘든 것을 이겨내고 싶은 의욕을 북돋울 것입니다.

아이가 시간 단축이라는 기쁨을 쉽게 얻기 위해서는, 보름 정도는 숫자의 배열을 전혀 바꾸지 않고 날마다 같은 계산 문제지를 풀어야 합니다. 그렇게 해야 아이들이 빨리 익숙해질 테니까요. 이는 저학년이나 고학년이나 마찬가지입니다.

아이의 수준과 실정에 따라 난이도를 달리 잡아야 하겠지만, 대개 처음에는 3분 이내를 목표로 삼는 것이 적당합니다. 연습을 계속하다 보면 아이도 2분 안에 할 수 있게 됩니다. 뿐만 아니라 그 정도로 수준이 올라서면, 응용문제를 풀 때에도 도중에 벽에 부딪치거나 계산 착오를 일으키는 일이 없어집니다.

특별한 경우이겠지만, 100칸 계산을 마치는 데 10분이 넘게 걸리는 아이도 분명 있습니다. 그런 아이는 우선 맨 처음에 걸린 시간을 반으로 단축하는 것을 목표로 연습하는 것이 좋습니다.

✚ 넷째, 격려를 아끼지 말기

100칸 계산은 아이들이 스스로 채점하는 것이 원칙입니다. 다만 저학년 아이들이 가정에서 연습할 경우에는 부모가 채점을 합니다. 그럴 때에도 반드시 확실한 원칙을 갖고 채점해야 합니다.

부모님은 아이가 답이 틀렸더라도 꾸짖지 말고 아이에게 격려하는 말을 건네는 것을 잊어서는 안 됩니다. 모두 맞았을 때에는 '정말 잘했어' 하고 아이를 칭찬해줘야 하고요. 아이가 공부할 때 부모가 함께하다 보면 아이에 대해 많은 것을 이해하게 됩니다. 옆에서 잠자코 지켜보는 것만으로도 아이가 어떤 부분에 약한지 금방 파악할 수 있을 것입니다.

앞에서 시간에 따른 난이도를 언급했지만, 그 기준은 어디까지나 어림잡은 목표에 불과합니다. 그러므로 부모는 아이가 목표 시간에 도달하지 못했다고 해서 초조해하거나 아이를 꾸짖어서는 안 됩니다. 아이가 게으름을 피우고 꾀를 부리는 경우가 아니라면, 아이 나름대로 열심히 몰두하는 자세를 보인다면 계속해서 아이를 칭찬하고 격려해줘야 합니다.

또 부모님이나 선생님은 '100칸 계산을 하다 보면 아이의 학력이 반드시 높아질 것이다'라는 확신을 가져야 합니다. 이것은 많은 부모님들이 놓치기 쉬운 태도입니다. 가르치는 사람이 반신반의하면 그 마음이 아이에게 곧바로 전달됩니다. 그러면 발전할 수 있는 아이라도 그대로 주저앉고 말지요. 진정으로 아이를 믿고 끊임없이 격려를 아끼지 말아야 합니다.

그런 자세는 비단 아이들이 100칸 계산을 할 때에만 필요한 것은 아닙니다. 부모님과 선생님은 학습 능력을 높이려면 아이의 실력이 좋아질 것이라는 점에 대해 무조건 확신을 가져야 합니다. 물론 늘어나는 실력이 겉으로는 좀처럼 드러나지 않을 수도 있습니다. 그러나 아이가 그런 상태에 놓여 있을 때, 더 힘들고 고통스러운 사람은 곁에서 지켜보는 사람이 아니라 공부하는 아이 본인이라는 것을 부모님과 선생님은 명심해야 합니다. 아이를 나무라기 전에, 아이가 가지고 있는 고통을 함께 나눠주면 아이는 용기를 얻을 것입니다.

✚ 다섯째, 100칸 계산은 목적이 아니라 수단임을 잊지 말기

　100칸 계산은 목적이 아니라 수단입니다. 다시 말해, 아이들이 공부의 길로 들어서는 문을 넓히는 도구일 뿐이라는 얘기지요. 어쩌면 100칸 계산의 실천에서 가장 많이 빚어지는 착각들은 이 사실을 오해하는 데에서 나온 것인지도 모르겠습니다.

　경기를 시작하기 전에 준비운동을 하거나 평소에 체력 트레이닝을 하는 것은 누구나 상식처럼 따르는 일입니다. 그러지 않고 갑자기 아이를 경기에 내보내면 부상을 입을 것이 뻔합니다. 하지만 아이들에게 미리 확실한 준비운동을 시키면 상처를 입는 경우가 훨씬 줄어듭니다. 또한 평소에 꾸준한 트레이닝을 통해 기초 체력을 단련해주면, 체력이 없는 사람보다 힘을 덜 들이고도 경기를 할 수 있으며 실력이 향상하는 속도도 빨라집니다. 그러나 어디까지나 실전 경기력을 향상시키거나 일상생활의 질을 개선하기 위한 수단으로 트레이닝을 하는 것이지, 트레이닝 자체를 목적으로 하는 사람은 없습니다.

　마찬가지로 100칸 계산도 아이들이 실전에서 공부할 때 필요한 학력을 만들기 위한 훈련 과정입니다. 오로지 수단일 뿐 최종 목적지는 아니라는 것이지요. 물론 100칸 계산을 하는 데 걸리는 시간을 아이들의 진보를 나타내는 척도로 여길 수는 있습니다. 하지만 그 자체가 최종 목적지는 아닙니다. 본래 계산하는 능력은 아주 복잡한 응용문제를 풀거나, 과학 분야에서 액체의 농도 같은 문제를 풀기 위한 발판일 뿐입니다.

따라서 주변에서 아이들이 100칸 계산을 훈련하는 동안, 하루하루의 결과에 일희일비하거나 시간이 단축되지 않는다고 초조해할 필요는 전혀 없습니다. 지도하는 부모님이나 선생님이 먼저 마음의 여유를 가지고 아이들과 함께 즐겁게 연습하는 자세를 잃지 않아야 합니다.

가정에서 100칸 계산을 할 경우, 내가 부모님에게 적극 권하고 싶은 것은 아이가 아이의 주변 친구들을 불러들여 함께하도록 하는 것입니다. 내 경우에는 큰딸이 초등학교에 입학했을 때부터 두 해 동안, 근처에 사는 아이의 또래 친구들을 집으로 불러들여 아이와 함께 날마다 100칸 계산과 음독을 연습하도록 했습니다.

부모가 아이 친구들에게 집을 개방해 자기 아이와 함께 공부시키는 것을 '가정 보습'이라고 합니다. 기시모토 히로시 선생님이 제안했던 학습법 가운데 하나지요. 이런 가정 보습을 통해 아이가 공부를 할 때는, 어려운 내용이나 본격적인 학습보다는 100칸 계산과 같은 기초 과정의 반복 학습을 하는 편이 더 효과적입니다.

아이들은 또래 친구들과 함께 어울릴 수 있어 좋아합니다. 게다가 아이들이 친구들과 함께하는 가운데 서로가 서로에게 자극이

되어 학습 효과도 높아질 수 있으니, 두 마리 토끼를 한 번에 잡는 셈이지요. 예를 들어, 함께하는 아이 가운데 책을 잘 읽는 아이가 있으면 다른 아이들도 곧 그렇게 되며, 누군가가 계산 속도가 빨라진다 싶으면 다른 아이들도 덩달아 금방 계산 속도가 빨라지는 식입니다. 실력 향상을 보인 아이에게 이끌리기라도 하듯, 한 아이가 벽을 무너뜨리면 파급효과가 나타나면서 다른 아이들도 곧 자기 한계를 극복하는 현상이 나타나거든요.

가정 보습을 할 때에도 역시 중요한 것은, 날마다 계속해야 한다는 겁니다. 시간은 아무래도 상관없습니다. 아니, 오히려 시간은 짧게 잡는 편이 오래 지속해 나가기에 좋을 수도 있습니다. 다만 부모님은 아이들이 연습하는 동안만큼은 진지하게, 잡담이나 쓸데없는 장난을 치지 않도록 지도할 필요가 있습니다.

가정 보습을 하는 동안, 나는 그 덕분에 주변 사람들과 사이좋게 지낼 수 있었습니다. 또 당시 내 집에서 공부했던 아이들은 그 후로도 나를 만날 때마다 깍듯이 고개 숙여 인사를 건네곤 했습니다. 지역 주민들이 서로 한 공동체에 속해 있다는 소속감까지 가질 수 있는 셈이니, 나는 100칸 계산이 아이들의 학습 능력을 높일 뿐 아니라 아이들이나 부모님에게나 매우 유익한 결과를 가져오는 공부법이라고 생각합니다.

도형에 관한
정리를 암송한다

기존 가게야마 학습법에서는 '도형'에 대해 언급하는 경우가 많지 않았습니다. 그 이유 가운데 하나는 초등학교 과정에서 배우는 도형의 내용이 많지 않았기 때문이지요. 초등학교 과정에서 도형과 관련한 학습 내용은 아이들이 한 번만 정리해두면, 배우는 데에도 그다지 많은 시간이 걸리지 않습니다.

　아이가 도형을 공부할 때는 도형의 형태를 확실하게 인식하는 것이 먼저입니다. 도형을 보고 얼른 형태를 알아차려야 하기 때문에, 부모님은 '이 가운데 이등변 삼각형은 어느 것일까요?' 같은 질문을 통해 아이가 우선 도형의 형태를 확실히 알도록 도와야 합니다. 그런 다음 아이는 '이등변 삼각형이란 두 내각의 크기가 같은 삼각형이다'라는 정의를, 암송할 수 있을 때까지 소리 내어 읽습니다. 그다음에 '삼각형의 세 내각의 합은 180도다'와 같이 꼭 외워야 하는 도형의 기본 성질을 배우는 것이지요.

도형의 넓이를 구하는 공식을 막무가내로 외우기는 힘듭니다. 물론 아이는 '이 도형의 넓이는 왜 이렇게 해야 구해지는가?' 같은 문제는 수업을 통해서 배웁니다. 하지만 한 번 배웠다고 해서 아이들의 머릿속에 확실히 자리 잡히지는 않습니다. 논리적으로 이해했다기보다는 설명을 들은 것에 지나지 않으니까요. 따라서 이 경우에도 반복 학습이 필요합니다.

예를 들어 삼각형의 넓이를 구하는 공식은 왜 '밑변×높이÷2'일까 하는 문제를 놓고, 아이가 '사각형을 반으로 자르면 삼각형이 된다'는 부분을 문장으로 설명한 다음, 그 문장을 음독해 암송하는 식이지요. 그러면 학생은 그 공식을 절대로 잊지 않습니다.

도형에 관한 문제들은 이처럼 여러 가지 도형과 관련된 정리를 철저하게 음독하는 과정을 통해 해결할 수 있습니다. 사고력 향상이란 결국 그런 정리를 얼마나 많이 외우고 있는가에 따라 나타나는 결과니까요.

그리고 도형을 공부할 때에는 아이가 자나 컴퍼스 같은 여러 도구를 사용하는 것이 좋습니다. 도구를 이용해 멋진 그림을 그려보는 것도 학력을 높이는 아주 중요한 요소입니다. 예를 들어, 정사각형 안에 커다란 원과 작은 원을 그려 넣거나, 원 안에 딱 맞는 정사각형이나 정삼각형을 그려보는 연습을 해볼 수 있겠지요.

문장형 문제는
작문 음독법으로

학생들에게 수학을 가르치는 동안 나는 '논리는 문장으로 나타낼 수 있다'는 생각을 가지게 되었습니다. 그래서 학생들이 문장 형태로 만들어진 문제를 풀 때에는 작문 형식을 빌려 풀도록 하고 있지요. '그런 계산식이 나온 까닭은 무엇인가?' 같은 질문을 아이들이 글로 적고 그 글을 소리 내어 읽는 거지요. 이것을 '문장형 문제의 작문 음독법'이라고 합니다.

예를 들어, 나는 학생이 뒷장에서 소개하는 '두루미와 거북이 문제'와 같은 수학 문제를 풀 때에는, '왜 이 숫자와 이 숫자를 더하지? 어째서 이것과 이것을 곱하지?' 하는 문제를 글로 적은 다음 설명하도록 합니다. 이때 적는 글은 되도록 짧고 스스로 알기 쉽게 정리해야 하지요. 혹시 아이가 적응을 잘 못한다면, A 부분을 여러 번 소리 내어 읽도록 하세요.

결국 문장형 문제도 형태를 외운 다음, 변형된 문제를 반복적으로 풀다 보면 아이들이 확실히 이해합니다. 이런 점에서는 일반 계산 문제를 풀 때와 마찬가지입니다. 여러 차례 읽은 다음에는, 부모님이 아이에게 약간 변형된 문제를 풀어보게 하는 것도 방법이겠지요.

'숫자란 수학 세계의 언어이고, 계산이란 수학 세계의 문장이다'라는 말이 옳다면, 수학 역시 '언어'라는 틀 안에서 처리할 수 있는 체계로 볼 수 있습니다. 따라서 우리가 문제나 풀이를 정리하고 소리 내어 읽었던 다른 학습 내용과 마찬가지로, 수학 과목에서도 아이들이 언어를 매개로 반복 학습을 실천하는 것이 가능해지는 것이지요.

또 현실에서 존재하는 양이나 질, 구체적인 물체 따위를 문장으로 표현한 것은 이른바 '논리'입니다. 수학에서는 이때 사용되는 언어가 바로 숫자나 수식의 형태로 나타나는 것이지요. 따라서 국어와 수학 사이에 특별히 경계가 존재한다고 볼 수 없습니다.

✎ 두루미와 거북이 문제

연못에서 노는 두루미와 거북이를 모두 합하면 총 10마리입니다. 그런데 다리 수만 세어봤더니 모두 28개였습니다. 두루미의 다리는 두 개, 거북이의 다리는 네 개입니다. 두루미와 거북이는 각각 몇 마리일까요?

이 문제를 풀기에 앞서, 우선 연못에는 '두루미'와 '거북이' 말고는 아무것도 없다고 생각한다.

위의 경우, 10마리 전부가 '두루미'라고 가정한다.

그러면 다리의 개수는 2개 × 10 마리 = 20개가 된다.

그러나 실제의 다리 수는 28개이므로 28개 − 20개 = 8개의 다리가 모자라다.

10마리의 '두루미' 가운데서 1마리씩 '거북이'로 대치할 때마다 다리는

4개 − 2개 = 2개씩 늘어난다.

다리를 28개로 만들려면 10마리 중에서 8개 ÷ 2개 = 4마리를 '거북이'로 보면 된다.

그러므로 '두루미'는 10마리 − 4마리 = 6 마리

$$2개 × 10마리 = 20개$$
$$28개 − 20개 = 8개$$
$$4개 − 2개 = 2개$$
$$8개 ÷ 2개 = 4마리$$
$$10마리 − 4마리 = 6마리$$

답 <u>거북이 4마리, 두루미 6마리</u>

두루미 10마리는 다리가 2 × 10 = 20개
28개이니 8개 모자란다.

> 4개 − 2개 = 2개씩 다리가 늘어난다

234

연습 문제

① 두루미와 거북이가 연못 주변에 있습니다. 모두 아홉 마리인데, 다리는 26개입니다. 두루미와 거북이는 각각 몇 마리씩 있는 걸까요?

② 상자 안에 50원짜리 사탕과 90원짜리 초콜릿이 모두 일곱 개 들어 있습니다. 사탕과 초콜릿 값으로는 총 470원을 치렀습니다. 사탕과 초콜릿은 각각 몇 개씩 들어 있을까요?

③ 학교에서 닭과 토끼를 기르고 있습니다. 모두 합해 10마리인데 다리는 32개입니다. 닭과 토끼는 각각 몇 마리씩 있는 걸까요?

④ 90원짜리 사이다와 60원짜리 콜라를 모두 아홉 병 샀습니다. 사이다와 콜라 값은 총 690원입니다. 각각 몇 병씩 샀을까요?

단위 문제는 경험과
문제 풀이로

학생들이 초등학교에서 도형을 배울 때, 기하학에서나 나오는 증명 문제는 다루지 않습니다. 시험 문제로 도형 문제가 나온다고 해봐야 넓이나 부피를 계산하는 문제가 전부입니다. 따라서 꾸준한 반복 연습으로 이미 기본적인 계산 실력을 충분히 다진 아이라면, 도형 문제에서는 별다른 어려움을 느끼지 않을 것입니다. 정해진 공식에 숫자만 대입하면 해결할 수 있기 때문이지요. 그 과정에서 아이들을 괴롭히는 것이 있다면, 그것은 단위 개념입니다.

예를 들어, 1미터는 100센티미터라고 하는 기초 단위 개념이 아이들에게는 걸림돌이 되는 것이지요. 개념을 모르니 외우기도 쉽지 않습니다. 단위의 정의, 단위와 단위의 관계는 학생이 일단 수업을 받은 그 시점에는 이해했다고 해도, 반복 학습을 통해 정착시키지 않으면 곧장 잊어버리고 맙니다.

이 같은 단위 환산은 까다로운 문제이기는 하지만, 확실히 이해해두지 않으면 도형 문제를 절대로 풀 수 없습니다. 단위를 환산하는 법을 모르고서는 넓이나 부피의 개념을 올바르게 이해할 수 없으니까요. 단위를 환산하는 법을 습득하려면, 실제 경험과 더불어 문제집 풀이를 병행하는 방법이 가장 효과적입니다.

나는 예전에 100미터 줄자로 학생들과 함께 직접 길이를 측정하며 학교로부터 1킬로미터나 되는 거리를 걸어본 일이 있습니다. 1미터 줄자 정도는 어디서나 쉽게 구할 수 있으니, 가정에서도 직접 자를 이용해 미터, 센티미터, 밀리미터 등 여러 단위를 아이가 체험해보도록 도와주세요. 또 아이에게 무게나 부피의 단위를 이해시키려면 저울이나 계량컵 등을 이용하면 됩니다.

단위 환산은 어른에게는 간단하지만 아이들에게는 어려운 분야입니다. 아이들은 단위를 세는 데 익숙하지 않기 때문입니다. 하지만 걱정하지 마십시오. 다음과 같이 따라 하면 됩니다.

① 0.8m =   cm

1미터는 몇 센티미터입니까? 그렇지요, 100센티미터입니다.

100에 0이 몇 개 있지요? 그렇습니다. 두 개 있습니다.

미터와 센티미터 가운데 더 작은 단위는 무엇이지요? 맞습니다,

센티미터입니다. 그렇다면 소수점을, 작은 단위인 센티미터 쪽으

로 두 자리 옮기기만 하면 됩니다.

빈자리에는 0을 채워 넣습니다.

그러므로 0.8미터는 80센티미터가 됩니다.

이제 무게의 단위로도 연습해봅시다.

②0.05kg =   g

1킬로그램은 1000그램, 0의 수는 세 개, 작은 단위는 그램.

야마구치 초등학교에 근무할 때, 나는 50문항에 달하는 단위 환산 문제집을 만들어 아이들에게 풀어보도록 한 적이 있었습니다. 아이들이 그 문제집을 처음 보았을 때, 하나같이 '헉' 하는 소리를 냈기에, 그 뒤로 이 문제집은 '헉 문제집'으로 통하기도 했습니다. 이 문제집으로 날마다 반복 연습을 했더니 아이들은 점차 단위와 단위의 관계를 이해하게 되더군요.

아이에게 다양한 예제로 연습하도록 해주세요.

 연습 문제

ㄱ 1ℓ =   dℓ   ㄴ 1m =   cm

ㄷ 1km =   m   ㄹ 1kg =   g

① 0.8ℓ =   dℓ   ② 3.06kg =   g   ③ 2.8kg =   g

④ 80g =   kg   ⑤ 702g =   kg   ⑥ 25dℓ =   ℓ

⑦ 30g =   kg   ⑧ 20kg =   g   ⑨ 3.6dℓ =   ℓ

⑩ 3m =   cm   ⑪ 2.6cm =   m   ⑫ 3.06kg =   g

가정학습 시간은
'학년 × 15분'이 기준

아이들의 학습 능력을 향상시키기 위해서는, 가정에서 이루어지는 학습이 반드시 필요합니다. 집에서 공부하는 시간은 대체로 '학년에 15분을 곱한 시간' 정도를 기준으로 삼으면 좋습니다. 예를 들어, 1학년이라면 하루에 15분, 6학년이라면 하루에 1시간 30분 정도가 적당합니다. 이 시간은 학년에 따라 아이들이 충분히 집중해 학습을 할 수 있는 시간을 말합니다.

그런데 문제는 똑같은 양을 학습하는데도 아이들의 학력에 따라 걸리는 시간이 다르다는 겁니다. 고학년 수학에서는 나눗셈이나 분수처럼 복잡한 계산을 많이 다룹니다. 분수를 다루는 문제는 정수 계산이 바탕을 이루고, 나눗셈 문제는 푸는 과정에서 곱셈이나 뺄셈을 몇 번이나 적용해야 합니다. 고학년 수학 숙제는 그런 계산 연습을 시키는 데 주안점을 두고 있습니다. 그런데 100칸 계산으로 계산력이 높아진 아이와 그렇지 못한 아이를 비교해보면, 똑같은 숙제를 하더라도 걸리는 시간에서 커다란 차이가 납니다.

계산이 더딘 아이는 문제 하나를 푸는 데에도 빠른 아이에 비해 서너 배나 오랜 시간이 걸립니다. 계산 속도가 빠른 아이가 한 시간 걸려 마칠 숙제를, 계산이 더딘 아이는 세 시간에서 네 시간이나 붙들고 있어야 한다는 얘기입니다. 아이가 숙제를 할 때마다 그렇게 오랜 시간이 걸린다면, 아이에게 숙제는 큰 부담으로 작용할 테고, 아이는 결국 하다 만 숙제를 가지고 학교에 가거나 아예 처음부터 시작할 엄두조차 내지 못할 것입니다.

1, 2학년 때에는 학습량이 많지 않아, 이런 차이가 있어도 크게 눈에 띄지 않을 수 있습니다. 하지만 부모님이나 선생님이 저학년에서 나타나는 이 같은 사소한 차이를 방관만 하다가는, 아이가 고학년으로 올라가면 따라잡기조차 힘들어질 정도로 다른 아이와 격차가 벌어집니다.

100칸 계산을 통해 계산 속도가 빨라지거나 교과서를 잘 읽게 되거나, 사전 찾는 데 익숙해져서 빨리 찾을 수 있게 되는 기초적인 학습 훈련이 갖추어지고 나면, 아이가 숙제를 훨씬 더 편하게 대합니다. 따라서 학습 효과를 높이기 위해서라도, 아이가 가정에서도 읽기, 쓰기, 계산하기를 철저하게 반복 학습해 기초 학습 능력을 키울 필요가 있습니다.

'본격적인 공부는 시험 볼 때가 가까워졌을 때 시작하면 된다'고 생각하는 사람이 있을지도 모르겠습니다. 그러나 많은 교육 관계자들은, 초등학교 시절에 날마다 집에서 공부하는 습관을 들이지 않은 아이가 중학교나 고등학교에 들어가 새삼 공부 습관을 들이기는 매우 어렵다고 입을 모읍니다. 그러니 부모님이나 선생님은 나중으로 미루지 말고 일찌감치 아이에게 집에서도 공부하는 습관을 만들어주는 것이 현명합니다.

그렇다면, 집에서 공부하는 습관을 제대로 들이지 않은 고학년 아이는 어떻게 지도해야 할까요? 그런 아이들은 우선 저학년 때 배운 과정을 잘 이해하지 못하고 있는 경우가 많습니다. 학교에서 배운 것을 집에서 탄탄히 다지지 못했기 때문이지요. 특히 구구단이나 한 자릿수의 덧셈, 뺄셈 등 기본적인 사칙연산도 빠르게 처리하지 못하는 약점을 안고 있을 수도 있습니다. 그렇기 때문에 고학년 과정에서 요구하는 학습이나 숙제는 그런 아이들에게 더 어렵고 시간도 많이 걸리지요.

우선은 아이가 어떤 부분이 약한지 알아야 합니다. 그런 다음에

는 100칸 계산과 나눗셈 100문항을 날마다 반복하면서 약한 부분
을 보완해야 합니다. 그 과정을 밟아 이전 학습에서 구멍이 뚫려 있
는 부분을 메워나가는 것이지요.

처음에는 시간이 걸리겠지만 여섯 달 정도 지나면 아이가 시간
을 단축하면서, 학교 공부도 이해하기 쉬워질 것입니다. 숙제를 짧
은 시간에 처리할 수 있는 능력도 반드시 생깁니다.

오가와라는 중학교 선생님은 기초학력이 뒤떨어진 아이들에게
어떻게 해야 도움을 줄 수 있을지 고민한 끝에, 여러 해법을 정리해
책 한 권을 출간했습니다. 그 책에서 오가와 선생님도 기초 과정을

반복해 학습하는 것이야말로 아이들이 학습 능력을 회복하는 데 커다란 도움이 된다고 주장하고 있습니다. 초등학생은 아직 초등학생일 뿐입니다. 아이가 초등학교 고학년이 되었다고 학습 능력을 포기할 필요는 전혀 없습니다.

텔레비전을 끄고
대화를 나누자

일본에서나 한국에서나 초등학교는 보통 40분이나 45분씩 수업을 나누어 진행합니다. 초등학교 고학년 학생들은 일주일 동안 28시간에서 30시간 가까이 수업을 듣습니다. 일본에서는 여름방학을 제외하면, 아이들이 한 해 동안 학교에 나가 수업을 듣는 시간만 약 700시간입니다.

그런데 아이들이 하루 두 시간 동안 텔레비전을 시청한다고 한다면, 한 해 동안 730시간이나 텔레비전을 본다는 계산이 나옵니다. '학력이 높은 아이들은 하루 두 시간 이상 텔레비전을 보지 않는다'는 말은 괜히 나온 것이 아니지요. 하루에 두 시간도 넘게 텔레비전을 시청하는 학생은 학교에서 수업을 듣는 시간보다 집에서 텔레비전을 보는 시간이 훨씬 더 많습니다.

한편 국어, 수학, 과학, 사회 같은 주요 과목의 수업 시간만 따진다면, 아이가 학교에서 보내는 시간은 더욱 줄어듭니다. 가정에서 날마다 일정 시간 동안 학습을 병행하지 않는다면, 이 시간만으로는 중학교 과정을 무난하게 소화할 실력을 도저히 갖출 수 없습니다.

내가 야마구치 초등학교에 근무했을 때, 학생들에게 하루에 어느 정도 텔레비전을 보는지에 대해 설문조사를 실시한 적이 있습니다. 그 결과 절반이 넘는 아이들이 날마다 두 시간 이상 텔레비전을 본다고 했으며, 서너 시간이나 본다는 아이들도 적지 않았습니다. 당시에는, 숙제를 집에 두고 온다든가 수업 시간에 잡담을 나누는 아이들이 많아 수업 분위기가 참으로 어수선했습니다.

그래서 나는 학교 차원에서 아이들의 텔레비전 시청 시간을 줄이기 위한 노력을 기울였습니다. 노력을 기울이고 어느 정도 시간이 지나서야 그토록 소란스러웠던 교실이 점차 안정을 찾기 시작했습니다. 아이들도 수업에 더 집중하게 되었습니다. 그래서 아이들에게 다시 물어보았습니다. 그러자 이번에는 텔레비전을 전혀 보지 않는다는 아이들도 있었고, 30분 정도밖에는 보지 않는다는 아이들이 20퍼센트나 차지했습니다. 두 시간 넘게 텔레비전을 본다는 아이들은 거의 없었습니다.

학생들은 텔레비전을 일단 보기 시작하면 중간에 그만두기가 쉽지 않습니다. 컴퓨터 게임도 마찬가지로, 자극이 너무 강해 한번 심취하면 아이들이 헤어 나오기가 어렵지요. 결국은 규칙적인 생활을 할 수 없게 되고 참을성도 키우지 못하게 됩니다.

텔레비전이 없으면 심심하다고 말하는 아이들이 있습니다. 그런 아이들의 가정을 살펴보면 가족 간에는 대화가 거의 없고, 가족들이 모여 앉아 묵묵히 텔레비전만 보는 시간이 많습니다. 문제를 안고 있는 아이들의 집을 찾아가면, 대체로 텔레비전이 켜져 있습니다.

제발 부탁하건대, 텔레비전이 없어도 좋을 만큼 가족끼리 많은 대화를 나누세요. 그렇게 하기 위해서는 텔레비전보다 자녀의 기쁨이나 고민에 더 귀를 기울여주는 가정이 되어야 할 것입니다.

가족끼리 대화를 나누는 시간은 아이가 학교에서 겪는 문제가 무엇인지, 공부를 할 때 어떤 어려움을 겪는지 더 잘 알 수 있다는 장점도 가지고 있습니다. 부모는 자녀가 학교에서 치른 시험 문제를 가지고 오면 함께 꼼꼼히 살펴보는 시간도 가질 수 있지요. 그것만 잘 살펴도 아이가 학교에서 무엇을 배웠으며 어떤 부분이 약한지를 바로 파악할 수 있습니다.

아이의 성적이 좋다면 우선 아이를 칭찬부터 해주세요. 성적이

좋지 못한 과목에 대해서는 부모님이 아이와 함께 해결책을 찾아보는 것도 좋습니다. 아이가 지닌 약점이 어디인지 알아내면, 부모나 아이가 그 속에서 문제를 해결하는 실마리를 찾아낼 수도 있기 때문이지요. 틀린 문제를 아이가 다시 풀어보면, 아이 스스로 어처구니없는 부분에서 착각을 했다거나 실수를 했다는 사실을 깨달을 수도 있습니다.

소수는 잘 아는데 분수 계산에 약하다든지, 계산식 문제는 잘 푸는데 문장형 문제에는 약하다든지 하는, 부모님은 평소에는 잘 알지 못했던 아이의 여러 가지 장단점을 파악할 수 있을 것입니다. 또 이런 장단점을 담임선생님에게 얘기해, 학교에서 아이를 지도하는 데 참고로 삼게 할 수도 있습니다. 아이가 가지고 온 시험 문제도 버리지 않고 학기별로 노트에 따로 정리해두면 나중에 유용하게 활용할 수 있습니다.

4장

일상을 바꾸는
공부 습관

학습 능력을
높여주는 학교

한동안 주입식 교육이 문제라는 비판이 많이 있었습니다. 그러나 이제는 여유 있는 교육이 비판을 받고 있습니다. 학교나 선생님이 등교 거부, 집단 따돌림, 학교 폭력 같은 갖가지 문제점조차도 제대로 해결책을 제시하지 못하는 상황에서, 우려할 만한 또 다른 문제들이 꼬리를 물고 이어지고 있습니다.

여유 있는 교육이 이상적인 교육 방식이라고 여겨지던 시절에는, '주입식 교육으로 아이들 마음이 삐뚤어지고 있다'느니, '획일적인 교육 방식이 문제'라느니, 주입식 교육에 대한 온갖 비판들이

제기되었습니다. 선생님들도 이런 비판들을 수용할 수밖에 없는 상황에서, 수업 시간이 짧아지고 기초학력을 키우는 반복 학습도 무시되었습니다. 그러나 섣부른 비판을 받아 바뀌기 시작한 교육 제도로 과연 앞에서 이야기한 문제를 해결했을까요?

정말로 주입식 교육이 갖가지 문제를 일으키고 아이들이 옳지 못한 행동을 보이는 원인이었다면, 주입식 교육이 줄어든 학교에는 등교 거부나 집단 따돌림 같은 문제들은 어느 정도 해결되었어야 했을 것입니다. 그러나 현실은 그렇지 않았고, 오히려 정반대 결과가 나타났습니다.

일본의 문부과학성 홈페이지에는 등교 거부의 실태를 보여주는 그래프가 여럿 실려 있습니다. 그 가운데 하나는 50일 이상을 결석한 학생 수의 변화를 보여주고 있는데, 통계만 보아도 알 수 있듯이 등교 거부는 여유 있는 교육을 도입한 시점부터 가파르게 증가하고 있습니다. 아이들에게 창의성과 도전을 향한 의지를 키우겠다는 여유 있는 교육이 적어도 등교 거부를 줄이는 데 효과를 거두지 못했다는 것을 알 수 있습니다.

학교 폭력의 실태를 보여주는 여러 통계를 보아도 마찬가지입니다. 학교 폭력은 마치 잦아들고 있는 것처럼 보이지만, 실제로는 여전히 빈번하게 발생하고 있습니다. 여유 있는 교육을 본격적으로 시작하자, 전보다 단지 두세 배 정도가 아니라 훨씬 더 증가한 상태에서 제자리걸음을 하고 있으니 마치 폭력 사고가 줄어들고 있는 것처럼 보일 뿐이지요. 여유 있는 교육을 지지하는 사람들도 통계를 보면 상황이 심각하다는 것을 알 수 있습니다. 냉정한 시각으로 바라보면, 그들도 등교 거부나 학교 폭력이 급증했다는 점을 인정하지 않을 수 없는 것입니다. 수많은 사람들이 당연하게 여겼던 '주입식 교육이 아이들을 삐뚤어지게 만들고, 등교 거부와 학교 폭력 같은 사회문제를 일으킨다'는 생각이 현실과 얼마나 동떨어져 있는지도 실감할 수 있습니다. 그런데 이제는 주입식 교육이 비판받을 때와 똑같이 여유 있는 교육이 비판받고 있는 것입니다.

이전에 근무했던 야마구치 초등학교에 막 부임했을 때, 나는 '아이들의 학력이 떨어지고 있는데, 학교는 도대체 무엇을 하는 것이냐'는 비판 섞인 목소리를 적지 않게 들어야 했습니다. 학교라는 조직은 사회에서 신뢰를 잃었을 때, 그 가운데에서도 특히 공부와 관련해 신뢰를 잃었을 때는 매우 난처한 처지에 놓입니다. 이때는 좋은 대책을 강구해도 오해를 받기 쉽지요.

생선 가게는 생선을 팔고, 과일 가게는 과일을 파는 것이 일입니다. 고객에게 신뢰를 주는 물건을 꾸준히 판다면, 좋은 가게로 인정받을 수 있습니다. 그러나 가게가 이렇게 말한다면 어떨까요? '우리 가게는 고객을 최우선으로 생각합니다. 비록 생선이나 과일이 신선하지 않더라도 말입니다.' 가게가 고객을 아무리 중요하게 생각해도, 싱싱한 생선과 질 좋은 과일을 팔지 않는다면 결코 좋은 평가를 얻을 수 없습니다.

나는 학생들의 학습 능력을 책임지는 것이야말로 학교에서 가장 중요하게 다루어야 할 일이라고 생각합니다. 학교가 가장 중요하게 생각해야 할 일을 소홀하게 대한다면, 무슨 말을 하더라도 신뢰를 받기 어려운 것이 당연하겠지요.

예를 들어, 이미 신뢰를 잃어버리는 학교는 숙제를 많이 내줘도 '아이들을 너무 괴롭히는 것은 아닌가' 하는 말을 듣고, 숙제를 적게 내줘도 '아이들을 게으름뱅이가 되도록 방치할 셈이군' 하는 말을 듣습니다. 마치 학교 주변에 거대한 벽이라도 세워진 것처럼, 좋은 의도라고 할지라도 학부모에게 전혀 전해지지 않는 것이지요.

나는 야마구치 초등학교에 부임해, 가장 먼저 '아이들의 학습 능력이 떨어지고 있다'는 부모님들의 불신을 없애고자 노력했습니다. 과거에 널리 이루어졌던 주입식 교육이나 여유 있는 교육만으로는, 나조차도 아이들이 학습 능력이 올라가기는커녕 점점 내려갈 것이라고 전망했기 때문입니다.

나는 '여유 있는 교육'이라는 이름 아래, 모든 학습의 기본이라고 말할 수 있는 읽기, 쓰기, 계산하기의 반복 학습이 뒷전으로 밀리고 있는 상황을 주시했습니다. 나는 점점 줄어드는 수업 시간 속에서도, 아이들의 실력을 높이기 위해 학생들에게 우선 100칸 계산과 같은 반복 학습을 연습시켰습니다.

결과는 성공적이었습니다. 내 노력이 아이들의 학력 저하를 걱정하는 학부모님에게 주목도 받게 되었지요. 현장에서 아이들을 가르치는 동안 하나둘 쌓아 올린 비법들이 다른 선생님들의 이목까지 끌었던 것도 나에게는 아주 다행스러운 일이었습니다. 그러나 한편으로 나는, '아이들의 학습 능력을 떨어뜨린 근본적인 이유가 무엇인가' 하는 문제에 답을 제대로 제시하지 못한 것은 아닌가 하는 걱정을 하기도 했습니다. 지금은 효과를 보이는 것처럼 보이더라도, 조금만 시간이 지나면 다시 문부과학성이나 교육제도를 향한 비판이 다시 거세지는 것은 아닐까 하는 걱정도 했지요.

이제는 수업 시간을 단축하는 것도 비판의 대상이 되었습니다. 토요일과 일요일에 수업을 진행하지 않기로 결정한 지도 어느덧 꽤 시간이 흘렀는데, 한편에서는 다시 예전처럼 아이들이 토요일에도 학교에 나가도록 하자는 목소리가 높아지고 있지요.

교육정책 연구소에서 발표한 '학교 수업 시간에 관한 국제 비교 조사'에 따르면, 일본 초등학교의 총 수업 시간은 4,000시간에도 미치지 못해, 5,000시간에 가까운 미국과 프랑스 초등학교의 총 수업 시간에 비해서는 턱없이 짧은 것이 사실입니다. 6,000시간에 달하는 인도나 이탈리아에 비하면 더욱 그렇지요.

학부모에게 강연할 기회가 생길 때마다 '학교 수업을 토요일에도 진행하는 것을 찬성하십니까?' 하고 물어보면, 70퍼센트 이상이 주저 없이 손을 듭니다. 선거기간에는 '다시 토요일에도 아이들을 학교로 보내자'고 말하는 후보까지 있을 정도입니다.

반면 선생님들의 반응은 다릅니다. 서로 반반으로 나뉘어 팽팽하게 맞서지요. 학부모님 대다수가 아이들이 다시 토요일에도 학교에 나가야 한다고 주장하는 데 반해, 선생님들의 생각은 꼭 그렇지만은 않은 모양입니다. 학부모들이 느끼는 위기와 선생들이 느끼는 현실 사이에는 적잖은 차이가 있는 것이지요.

내 생각은 대다수 학부모님과는 다릅니다. 지금까지 이야기한 것처럼, 학교 수업뿐만 아니라 공부하는 시간만 늘린다고 해서, 아이들의 학습 능력이 좋아지는 것은 아닙니다. 수업 시간을 늘리자는 주장 이면에는 모든 공부는 학교에서 끝마쳐야 한다는 생각이 깔려 있지만, 이것도 말씀드린 것처럼 현명한 생각이 아닙니다. 학교는 학생이 공부 습관을 들이도록 도와주고, 올바르지 못한 길로 들어서는 아이를 바로 잡아주는 곳입니다. 아이에게는 가정에서 부모님과 친구들과 함께, 또는 혼자서도 풀리지 않는 문제를 붙들고 고민하는 시간이 필요합니다. 따라서 수업 시간을 늘리기만 하는 것은 결코 좋은 해답이 아닙니다.

체력을 살려야
성적도 오른다

학력 저하라는 문제는 제도나 지도 방법을 조금 손보는 정도로는 결코 해결할 수 없습니다. 그보다도 먼저 해결해야 할 시급한 문제는 따로 있습니다. 문제가 어디에서 시작되었는지를 찾기 위해 거슬러 올라가다 보면, 겉으로는 잘 드러나지 않는 훨씬 근본적인 문제가 있지요.

다시 말해, 등교 거부, 학교 폭력, 학력 저하라는 현상은 모두 한 가지 원인에서 비롯된 문제입니다. 겉으로 보기에는 서로 다른 문제들로 보이더라도, 자세히 들여다보면 더 중요한 문제가 수면 아래에서 작용하고 있다는 걸 알 수 있지요. 그 문제는 바로 활력 저하입니다.

활력 저하란 말 그대로 살아 움직이는 힘이 떨어지고 있다는 것입니다. 나는 등교 거부, 학교 폭력, 학력 저하가 모두 생명력이 떨어진 결과라고 생각합니다. 당장 나에게 활력을 측정하는 객관적인 기준은 없지만, 활력이 체력과 밀접한 관계를 맺고 있다는 점만큼은 분명합니다. 아이들의 체력 같은 경우는 곧바로 수치를 통해 알 수 있지요.

체력을 측정하는 좋은 방법 가운데 하나는, 아이들의 50미터 달리기 기록을 보는 것입니다. 문부과학성에서 발표한 측정 결과를 살펴보면, 아이들의 달리기 실력이 꾸준히 나빠지고 있다는 것을 확인할 수 있습니다. 50미터 달리기뿐만 아니라 넓이 뛰기, 오래달리기 역시 1980년대 중반부터 계속해서 기록이 떨어지고 있습니다. 이것은 일본 문부과학성 홈페이지에 실린 통계이지만, 한국의 경우에도 비슷한 경향을 보이고 있는 것으로 알고 있습니다.

아이들의 체력이 눈에 띄게 약해졌다는 말을 자주 듣고는 하는데, 그것은 어제오늘 일이 아닙니다. 1980년대 중반부터 체력이 죽떨어지고 있었던 것입니다. 매우 심각한 문제인데도 별다른 대책 없이 거의 수십 년 동안이나 방치되어 온 셈이지요.

히로시마현에 살고 있는 아이들의 체력은 전국 평균치를 밑돌

청소년 기초 운동 능력의 연도별 추이

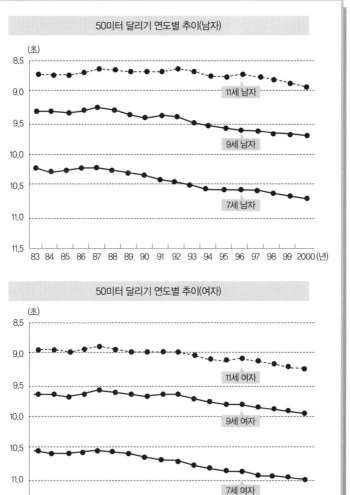

일본 문부과학성 홈페이지 〈청소년 기초 운동 능력의 연도별 추이〉에 따름

뿐만 아니라, 그중에서도 쓰치도 초등학교가 있는 오노미치는 히로시마현의 평균치에도 미치지 못하는 상황이라, 교장과 선생님들 사이에서도 중요한 안건으로 종종 등장합니다.

그러나 아이들의 체력 저하를 학력 저하와 연결해 '아이들의 체력에 더 신경 쓰자'고 말하는 사람은 거의 없고, 이 문제를 심각하게 받아들이는 사람도 그다지 많지 않습니다. 하지만 나는 수업 준비를 위해 아이들의 체력과 관련된 여러 자료를 조사하는 동안 체력이 핵심이라는 느낌을 확실하게 받았습니다.

학습 능력을 이야기하기 전에, 아이들의 체력 문제와 정신 건강의 문제가 매우 심각한 수준까지 이르렀다는 점을 결코 소홀히 여겨서는 안 됩니다. 그리고 거기서부터 해결의 실마리를 찾아야만 합니다.

반찬 가짓수가 많을수록 성적이 좋다

아이들의 체력이 계속해서 떨어지고 있다는 사실과, 등교 거부나 학교 폭력이 증가하고 있다는 사실, 그리고 학력이 떨어지기 시작했다는 사실 사이에는 아무 상관이 없는 것일까요?

나는 이 모든 문제들의 밑바탕에 아이들의 생명력, 즉 '활력'이 떨어지는 문제가 깔려 있다고 생각하고, 이 문제에 충분한 주의를 기울여야 한다고 생각합니다. 또한 떨어진 활력과 생명력을 되살리는 해결책은 생활 습관과 식습관의 개선이라고 생각합니다.

쓰치도 초등학교에서는 해마다 4월이면 '새 봄맞이 소풍'이라고 전교생이 신입생을 데리고 소풍을 갑니다. 그저 인근 지역에 있는 공원까지 모두 함께 걸어갔다가 오는 것뿐이지만, 교장인 나를 포함해 선생님들도 오랜만에 넥타이를 풀고 아이들과 더불어 하루를 보냅니다.

그런데 지난 봄맞이 소풍 때 나는 '아차, 바로 이것이었어!' 하고 무릎을 칠 정도로 아주 뜻깊은 깨달음을 얻었습니다. 아이들 틈으로 들어간 내가 '여러분, 아침에는 무엇을 먹나요?' 하고 물었더니 대부분 '밥'이라고 대답하더군요. 그런데 아이들은 그렇게 대답하고는 뜻밖에도 '바로 얼마 전부터요'라는 말을 덧붙이는 것이었습니다.

요즘 대다수 가정에서는 가족이 모두 모여 식사를 하는 기회가 점점 줄고 있습니다. 그리고 아이들이 식사를 편의점 식품이나 과자류, 또는 햄버거 등으로 때우는 경우가 많습니다. 심지어는 '초등학교에는 급식이 있으니까 어느 정도 영양의 균형을 유지할 수 있다'는 말까지 나돌 정도입니다.

그러나 쓰치도 초등학교 아이들의 부모를 대상으로 설문조사를 한 결과, 아침 식사로 밥을 먹는 아이들의 비율이 다른 지역에 비해 훨씬 높았습니다. 이 지역의 많은 학부모들이 '가정에서도 아이들의 학력을 높일 수 있다'는 말을 이해하고, 식습관을 바꾼 결과라는 생각이 듭니다.

내가 교장으로 취임한 뒤 처음 열린 학부모 총회에는 거의 모든 학부모가 참석했습니다. 그때 나는 부모님들에게 '식사 한 끼마다 반찬 수와 학력 테스트 편차치'라는 자료를 배포했습니다. 그 자료는 도쿄의 한 공립 중학교에서 오랫동안 식생활에 대해 연구한 히로세 마사요시 선생님이 작성한 것입니다.

조사 결과를 보면 한 끼에 반찬 수가 네 개 미만인 식사를 하는 아이들은 학습 능력이 평균보다 낮고, 여섯 가지가 넘는 반찬을 먹는 아이들은 평균보다 확실히 높습니다. 더욱이 반찬 수가 12가지가 넘는 아이들은 학습 능력이 매우 뛰어나다는 사실을 알 수 있습니다. 히로시마현 교육위원회의 조사에서도 아침 식사를 거르지 않는 아이는 거르는 아이보다도 성적이 월등히 좋다는 결과가 나왔습니다. 그래서 나는 학부모 총회에서 이렇게 말했습니다.

"아침 식사는 반드시 차려주었으면 좋겠습니다. 아이들은 오전에 네 시간이나 되는 수업을 합니다. 아침 식사를 하지 않으면 공복감으로 인해 수업에 집중하기 어렵습니다. 굶주린 배로는 100칸 계산이 눈에 들어올 리가 없습니다."

그때까지 아이의 공부는 학교에만 맡기는 것이라고 생각했던 부모님들도, 가정에서도 해야 할 일이 있다는 점을 어느 정도 이해하기 시작했습니다.

나는 쓰치도의 지역 주민이나 학부모들이 교육에 매우 특별한

한 끼에 섭취하는 반찬 가짓수와 학교 성적 및 학력 평가 편차치

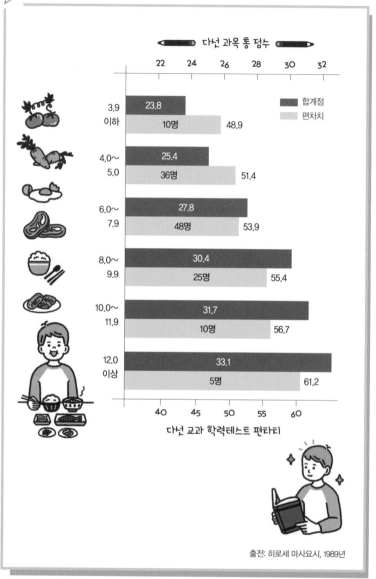

다섯 과목 총 점수

| | 22 | 24 | 26 | 28 | 30 | 32 |

■ 합계점
□ 편차치

반찬 가짓수	합계점	인원	편차치
3.9 이하	23.8	10명	48.9
4.0~5.0	25.4	36명	51.4
6.0~7.9	27.8	48명	53.9
8.0~9.9	30.4	25명	55.4
10.0~11.9	31.7	10명	56.7
12.0 이상	33.1	5명	61.2

| 40 | 45 | 50 | 55 | 60 |

다섯 교과 학력테스트 편차치

출전: 히로세 마사요시, 1989년

관심을 가지고 있다는 점을 잘 알고 있습니다. 학부모가 아이들을 위해 의식을 바꾸고 생활 태도를 바꾸는 모습을 보니, 교육자로서 나도 힘을 얻을 수 있었습니다.

교장인 나는 근무시간 가운데 아침에 교문 앞에서 아이들을 맞이하는 시간을 가장 즐거워합니다. 아이들을 직접 접할 수 있는 유일한 시간으로, 그때 나는 아이들의 얼굴을 보면서 활력이 넘쳐흐르는지 아닌지를 살필 수 있습니다. 아이들과 일일이 대화를 나누는 시간은 길지 않기 때문에 나는 열심히 아이들의 표정을 살핍니다. 눈을 마주보기도 하고 걸음걸이를 지켜보기도 합니다. 그렇게 아이들이 등교하는 모습을 관찰하다 보면, 아침 식사를 하지 않은 아이들을 가려낼 수 있게 됩니다. 그 아이들은 어딘지 모르게 활력이 없기 때문입니다.

하루는 그런 아이를 보고 내가 '아침 식사를 걸러서는 안 된단다' 하고 말해준 일이 있었는데, 며칠 후에는 그 아이가 등교를 하면서 '오늘은 아침밥을 먹고 왔어요' 하고 흡족한 표정으로 말하더군요. 참으로 기분이 좋았습니다.

내가 쓰치도 초등학교에서 아이들을 맞이하는 아침 시간을 가장 좋아한다고 말한 것은, 이제는 모든 아이들이 정말로 활기찬 표정을 지으며 교문으로 들어서기 때문입니다.

쓰치도 초등학교의 교문 앞에는 돌계단이 수십 개 이어져 있고,

그 맞은편에는 육교가 있습니다. 아이들은 육교에서부터 '교장 선생님, 안녕하세요!' 하고 밝은 목소리로 인사를 건네곤 합니다.

일찍 자고 일찍 일어나 아침밥을 먹은 다음 등교를 하는 것은, 내가 어렸을 때에는 너무나 당연하게 받아들여지던 일이었습니다. 그러나 요즘은 그렇지 않습니다. 인스턴트식품이 넘치고 밤늦게까지 가게 문이 열려 있습니다. 생활 습관을 바꾸고 활력을 저하시키는 그런 변화들이야말로, 등교 거부, 교내 폭력, 학력 저하를 일으키는 원인으로 작용한 것은 아닐까요?

아이가 학교에
가고 싶지 않다고 말하면

등교 거부는 오늘날 커다란 사회문제입니다. 한동안 학교에 가기 싫어하는 아이는 억지로 학교에 보낼 필요가 없다는 생각이 여러 사람들의 공감을 얻기도 했습니다. 물론 경우에 따라 다르게 판단 해야 할 때도 있겠지만, 나는 부모와 학교 모두 '아이를 어떻게든 학교에 가도록 만든다'는 점을 원칙으로 삼아야 한다고 봅니다.

학교에 가기 싫어하는 아이를 어떻게 지도할 것인가 하는 문제를 얘기하자면, 나 역시도 부끄러운 기억이 없지 않습니다. 내가 맡은 반에서도 등교 거부가 있었는데, 과연 나는 그때 적절하게 대처

했는가 하는 생각을 하면 자신이 없습니다. 그때만 해도 나에게는 무엇이 적절한 대책인지 분간할 능력이 없었던 것이지요.

내가 어느 고등학교에 갔을 때 있었던 일입니다. 그 학교에서 학생들의 진로를 함께 고민하는 선생님에게 '직원을 뽑기 위해 회사에서 면접자들을 평가할 때, 회사는 면접자의 어떤 점을 가장 중요하게 생각합니까?' 하고 질문한 적이 있습니다.

그 대답은 '인사를 잘할 것, 결석이 적을 것, 그리고 성적이 좋을 것'이었습니다. 직장을 구하기가 쉽지 않은 요즘, 취직을 좌우하는 점은 인사를 잘하고 결근을 하지 않는 지극히 당연한 생활 태도였던 것입니다. 그 선생님은 그해 취직 성과가 상당히 좋았다며, 졸업한 아이들 가운데 인사를 잘하는 아이들이 꽤 많았기 때문이라는 귀띔을 해주더군요. 그 고등학교에서는 학생들에게 입학식에 참석하는 날부터 한 해 동안 결석 일수가 열흘을 넘기지 않도록 할 것을 못 박고는, 아이들이 생활 습관이 몸에 배도록 열심히 지도한다고 합니다.

그러나 아이들은 날마다 목적을 가지고 집을 나서는 지극히 당연한 일조차도 점점 해내기 어려워하고 있습니다. 최근에는 이런 일도 있었던 모양입니다. 어떤 교육위원회에서 근무하는 사람과 이야기를 나눴을 때, 그 직원이 들려준 일입니다. 새로 부임하는 교사들에 대한 이야기를 해주었는데, 그 말을 듣고 나는 할 말을 잊고 말았습니다.

"요즘에는 예전보다 어려운 관문을 뚫고 선생이 되었을 텐데도, 한 학기도 채우지 못하고 그만두는 신임 교사가 적지 않습니다." 참을성이 없어진 것은 학생들뿐만 아니라 선생님들도 마찬가지였던 것이지요.

정반대인 이야기도 들을 수 있었습니다. 그것은 쓰치도 초등학교의 한 부모에게서 들은 얘기입니다. "우리 집에서는 큰애나 작은애나 학교를 빠지는 일이 거의 없어요. 어쩌다 열이 조금 있어도 학교에 가서 지내다 보면 금방 괜찮아질 거라며 무조건 보내거든요. 그런데 집에 돌아올 때 정말로 활기를 되찾고 오는 것을 보면, 아이들의 회복력은 참으로 대단한 것 같아요."

이런 일을 경험하고 나서, 나는 학기 초에 강인한 정신력을 키우자고 아이들을 격려하기 시작했습니다. 하지만 교사 혼자서 모든 아이에게 등교 거부를 하지 않을 수 있는 적절한 환경을 제공할 수는 없는 노릇입니다. 나는 아이들에게 무조건 참고 따르라고 강요하기보다는, 아이들이 환경에 스스로 적응하며 생활할 수 있는 자세를 가지도록 가르쳐야 했습니다.

요즘에는 따돌림을 당하기 싫다는 이유로 학교에 가고 싶지 않다는 말을 하는 아이들이 많습니다. 물론 따돌림을 당해 학교에 가는 것이 두려울 수밖에 없는 아이들도 있을 것입니다. 그러나 선생님과 부모님은 먼저 아이가 그것이 과연 극복할 수 없는 일인지 곰곰이 생각해보도록 도와줘야 합니다.

사람은 다른 사람과 전깃줄로 연결되어 있는 로봇이 아닙니다. 스위치를 돌리기만 하면 누구와도 금방 어울릴 수 있는 기계도 아닙니다. 사람마다 가지고 있는 개성이 다르니, 함께 생활하고 부대끼면서 스트레스를 주고받는 것이 당연하지요. 상대를 존중하도록 가르치는 교육이 필요한 이유도 이 때문입니다. 생각 없이 다른 사람에게 상처를 주고, 다른 사람의 말과 행동에 쉽게 상처받는 어린아이에게는 그런 교육이 더욱더 필요하지요.

효고현에는 내가 존경하는 중학교 교장 선생님이 있습니다. 처음에는 그 학교에도 등교 거부를 일삼는 학생들이 적지 않았다고 합니다. 그러나 교장 선생님이 부임하고 나서는, 학교가 세워지고 처음으로 등교를 거부하는 학생이 단 한 명도 없는 학교가 되었습니다. 참으로 대단한 일이지요.

나는 그 학교에서 시행하는 지도 방법을 듣고는 감탄하지 않을 수 없었습니다. 그것은 이틀을 연속해서 결석하는 것은 절대로 허용하지 않는다는 방침이었습니다. 얼마 전까지만 해도 의심스러운 눈초리를 받았던, '학교는 반드시 가야 하는 곳이다'라는 개념을 학생들에게 주입시켰던 것이지요.

따돌림을 당하는 것 때문에 학교에 가지 않겠다는 아이가 있을 때에는, 학부모와 쌓은 신뢰 관계를 바탕으로 교장 선생님은 '원하는 것은 무엇이든 들어드릴 테니, 일단 아이를 학교에는 보내십시오' 하고 학부모에게 단호하게 말했다고 합니다. 교장 선생님이 학부모도 학교에는 무조건 보내야 한다는 사고방식을 가지게 만든 것이지요.

나는 교장 선생님의 지도법을 접하고 내 읽기, 쓰기, 계산하기의 지도법과 비슷한 부분이 있다고 생각했습니다. 그런 지도법은 처음에는 도저히 떠올리기 힘들고 아이들이 따라가기 힘들 것처럼 보이지만, 반드시 좋은 결과가 따르기 마련이니까요.

많은 선생님과 부모님들이 간과하고 있는 것이 한 가지 있습니다. 한때는 나도 간과한 것이기도 하지요. 바로 아이들이 성장할 때에는 체격이나 두뇌만 자라는 것이 아니라 마음도 자란다는 것입니다. 곰곰이 생각해보면 상처받지 않고 성장하는 사람은 없습니다. 마음의 상처도 몸의 상처와 마찬가지로 성장하면서 겪어야 할 과정인 것이지요. 부모님은 아이들이 상처 입는 것을 두려워하지 말고 학교에는 반드시 가야 한다고 아이에게 말해야 합니다. 물론 이 방법이 항상 통하지는 않을 수도 있습니다. 그러나 부모나 선생님이 아이들의 정신적 성장을 과소평가해 오히려 아이들의 사기를 꺾는 경우가 있어서는 안 됩니다.

그 교장 선생님의 이야기를 전해 듣고 자료를 뒤적거리다 보니, 나는 어떻게 하는지에 따라서 아이들의 마음도 강하게 단련시킬 수 있다는 확신을 갖게 되었습니다. 그래서 쓰치도 초등학교로 옮기기 전에 근무했던 야마구치 초등학교에서는, 마지막으로 맡은 학급 아이들에게 강인한 정신력을 갖자고 설득했지요. 결국 결석이 많았던 아이들의 결석 일수를 줄이는 데 성공할 수 있었습니다.

이런 마음가짐을 체력과 비교해봅시다. 체력이 약하다고 운동을 시키지 않으면 어떤 일이 일어날까요? 당연히 체력은 점점 더 떨어지기만 할 것입니다. 몸이 조금 약해졌을 때에도 자신이 견뎌낼 수 있는 한계가 어디까지인지 아는 것도 중요합니다. 힘들거나 아픈 몸을 이끌고 집을 나서 교문으로 들어서는 과정을 겪으며, 아이들이 때때로 마음을 강하게 단련시킬 필요도 있는 것입니다.

그렇다고 무조건 아이들의 등을 떠밀라고 말하는 것은 아닙니다. 아이들이 '학교에 가고 싶지 않다'고 호소하면, 먼저 그 이유에 귀를 기울여줘야 합니다. 만약 아이가 따돌림을 당하고 있거나 학교에 무슨 문제가 있다는 느낌을 받는다면, 부모님은 선생님을 찾아가 솔직하게 얘기해야 합니다. 그런데도 학교나 선생님이 적절한 조치를 취하지 않는다면, 해당 지역의 교육청에 들러 상담하는 방법도 있습니다. 문제를 해결할 수 있는 가능성이 보이면, 아이와 진지한 대화를 나눈 다음 학교에 보내세요.

부모는 아이가 어려움을 무조건 피하기보다는, 정면으로 맞서는 자세를 기를 수 있게 도와야 합니다. 나는 이 같은 '역경과 맞서 싸우려는 자세'가 우리 사회가 잃어버리고 있는 가치관 가운데 하나라고 생각합니다. 이런 가치관을 잃어버린 것도 아이들의 활력을 떨어뜨리는 주요한 원인 가운데 하나이지요.

체험 학습과 암기 학습은
수레의 양 바퀴

최근에는 특히 과학과 수학 과목의 학력 저하를 개탄하는 목소리가 많습니다. 하지만 이것은 당연한 결과인지도 모릅니다.

여유 있는 교육을 도입하면서 결과 중심의 평가에서 과정 중심의 평가로 무게 중심이 옮겨졌고, 학습 내용은 아이들에게 학습 부담을 주는 계산 연습보다는 개념 이해에 치중되었습니다. 그러다 보니 과학과 수학의 기반인 계산 학습은 등한시되었고, 이것이 학력 저하를 불러온 것입니다.

하지만 지식을 늘리기보다는 학습의 자세를 잡아주는 것이 더 중요하다며 '주입식 교육'을 반대하던 사람들은 모두 어디 갔는지, 배우는 지식의 양만 떨어졌을 뿐 '스스로 생각하고 배우는 자세가 나아졌다'는 목소리는 들리지 않습니다.

나는 여유 있는 교육을 추구하는 체험 학습에 문제가 있다고 보지는 않습니다. 학습을 뒷받침하는 생활 경험의 부족 역시 학력 저하를 불러오는 요인일 수 있으니까요. 다만 아이들의 실태를 정확하게 이해하지 못한 채로 체험 학습과 인성 교육만을 지나치게 중시하고, 이것들을 읽기, 쓰기, 계산하기와 같은 기초 반복 학습과 대립하는 개념으로 받아들였다는 것은 문제가 있습니다.

과학 과목의 학력 저하에 대한 첫 번째 원인이 여기에 있습니다. 인성 교육과 기초 반복 학습을 대립적인 관계로 보고, 인성 교육은 중시하면서 기초 반복 학습은 소홀히 한 것이 문제라는 얘기입니다. 학교에서 이루어질 수 있는 인성 교육이란 한계가 있습니다. 지역이나 가정생활을 통해 얻을 수 있는 체험과 인성 교육까지 학교에서 처리해주기를 바라는 것은 무리입니다. 학교에서 이루어지는 체험과 인성 교육을 지나치게 강조할 경우, 학교는 정작 학교에서만 이루어질 수 있는 과학 실험을 할 여유는 빼앗기고 맙니다.

두 번째 문제는 실용적이지 못한 지식을 경시하는 풍조입니다. 분수를 계산하는 것이나 자연법칙을 다룬 이론이 '실용적이지 못한 암기식 학습'이라는 이유로 빠져버린 교과 내용에는, 지역 주변을 견학하는 학습 내용이 자리를 차지하고 있습니다. 물론 그런 견학 수업이 나쁘다는 얘기는 아닙니다. 다만 우리 아이들에게 더 절실한 것이 무엇인지는 생각해봐야 한다는 것이지요.

온통 콘크리트로 뒤덮인 도시에서 계절감을 잊고 살아가는 요즘 아이들은 '해는 어느 쪽에서 떠오르는가?' 같은 간단한 물음에도 정확히 대답하기 힘들어합니다. 이런 아이들에게 필요한 것은 자연을 벗 삼으면서, 그 현상 밑에 깔려 있는 이론들을 생각하도록 만드는 과학 수업입니다. '실용적이지 못하다'는 이유로 이런 지식을 배우지 못한 아이들에게 '실용적인' 학력을 갖추기를 바랄 수 있을까요?

체험 학습과 암기 학습은 학력을 증진시키는 수레의 양 바퀴입니다. 체험 학습법이나 암기 학습법은 각각 아이들의 학력 증진을 위해 맡은 역할이 있습니다. 이런 점에서 두 가지 학습법은 상호 보완적인 관계에 있다고 할 수 있습니다.

암기 학습이 필요한 과목도 있고, 체험 학습이 주를 이뤄야 하는 과목도 있습니다. 중요한 것은 암기 학습이라고 무조건 달달 외우는 것을 목적으로 삼아서는 안 되며, 체험 학습을 한다고 조사 활동만 해서는 안 된다는 점입니다.

학생들이 암기를 할 때는 무엇이 덜 중요한 요소이고 핵심 요소인지 판단한 상태에서 꼭 필요한 부분만 효율적으로 외워야 합니다. 또 체험 학습에서는 조사 활동 자체보다, 그것을 통해 배워야 할 것이 무엇인지 아는 점이 더 중요하지요. 이런 조건들을 갖출 때, 아이들은 가장 좋은 학습 효과를 거둘 수 있습니다.

선생님도
누군가의 가족이다

쓰치도 초등학교에서는 아이들을 지도하는 여러 가지 방법을 시험하고 있습니다. 이것은 선생님들에게는 적잖은 부담으로 느껴지는 것이 사실입니다. 교장인 나도 그 심정을 충분히 이해합니다. 교장이 깃발을 높이 들고 자신을 따르라고 아무리 외치더라도, 현장에서 선생님들이 교장을 따르지 않는다면 아무런 변화도 없을 것입니다.

이전에 근무하던 야마구치 초등학교에서는 동료 선생님 한 분이 과로로 돌아가신 적이 있습니다. 이것은 같은 선생으로서 말 못 할 정도로 커다란 슬픔이었습니다. 교장이라는 자리에 앉고 나서도 그 일은 늘 머릿속을 맴돌았습니다. 나는 우리 곁을 떠난 이케노 도모코 선생을 잊지 않으면서, 교장으로 있는 동안 어떤 선생님도 병에 걸리지 않게 만들겠다고 다짐했습니다.

쓰치도 초등학교 선생님들은 모두 지나치다 싶을 정도로 열심히 일하던 사람들입니다. 무척 힘들겠지만 꼭 해야만 하는 일이라고 말하면, 싫은 표정 하나 없이 묵묵히 따라주던 사람들이지요. 그런 만큼 교장 자리에 앉은 나에게는 그들이 지나치게 무리하지 않도록 주의 깊게 살피는 일이 중요합니다. 선생님들이 야근 없이 근무 시간을 철저히 지키도록 한 것도 그 때문이었습니다.

여름방학에도 나는 선생님들에게 '아무리 바쁜 일이 있어도, 일주일 동안은 절대로 학교에 나오지 말라'고 지시했습니다. 아이들과 마찬가지로, 선생님도 일할 때 일하고 놀 때는 놀아야 한다는 뜻이었지요. 쓰치도 초등학교의 가장 중요한 목표 가운데 하나도 바로 '배우는 힘뿐만 아니라 노는 힘도 키우는 것'입니다. 아이들에게 이 목표를 실천하게 만들기 위해서라도, 선생님들도 쉴 때 쉬어야 합니다. 나는 선생님들에게 '아마추어는 쉬지 않고 일하지만, 프로는 쉬면서 일한다'고 자주 말합니다.

어떤 지도 방법으로 아무리 뛰어난 성적을 거두었다고 하더라도, 그 결과로 아이들과 친구들, 학부모와 교사가 건강을 잃는다면, 그

지도 방법은 아무런 성취도 하지 못한 것이나 마찬가지입니다.

일본에서는 순직하는 일을 마치 자랑스러운 일처럼 이야기하는 경우가 종종 있습니다. 자기 건강을 해치면서까지 열심히 일하는 것을 권장하기 위한 것이겠지요. 그러나 이것은 분명 잘못된 가치 관입니다. 누구도 절대로 이런 가치관을 가지고 있어서는 안 됩니다. 나는 선생님들이 비슷한 생각조차도 가지지 못하도록, 선생님 들에게 건강을 잃는 순간 이미 일에서 실패한 것이나 다름없다고 강하게 말합니다. 건강이 나빠지고 있다면, 당장 모든 경기를 중단 하고 휴식을 가지는 자세가 필요합니다.

쓰치도 초등학교에서 선생님은 교실에서 가르치기만 하지 않습 니다. 교실에서 학생들을 가르치는 동안 학생들의 문제점을 파악 해, 아이들에게 꼭 가르쳐야 하는 내용을 골라 문제집을 직접 만들 기도 합니다. 과거에 나도 문제집을 직접 만들었지요. 문제집을 만 드는 것은 아이들을 가르치는 방법에 영향을 미칩니다. 사고가 넓 어지고 더 다양한 층위에서 지도 방법을 검토해볼 수 있지요.

문제집을 만드는 작업은 근무시간 안에 이루어져야 합니다. 아 이들을 가르치고 수업을 준비하는 것만으로도 바쁜데, 문제집까지 만들어야 한다는 것은 선생님들에게 잔업을 하라는 말이나 마찬가 지로 들릴 수 있습니다.

이런 상황을 고려해, 쓰치도 초등학교에서는 비상근 교사 한 명을 채용했습니다. 그 선생님은 일주일에 사흘 정도 출근해, 다른 선생님들이 학습 교재를 만드는 일을 거들고 있습니다. 일주일에 사흘만 도움을 받더라도, 문제집을 만드는 데에는 엄청난 도움을 받을 수 있지요.

선생님들이 수업하는 모습을 가만히 지켜보고는, 나는 '교과서 내용에서는 조금 벗어나지만, 이 내용은 이런 식으로 진행해보면 어떨까?' 하는 생각을 하기도 합니다. 그러나 수업 내용을 바꾸기 위해서는, 선생님들에게는 별도로 교재를 만들어야 하는 부담이 있습니다. 결국 나는 새로운 교재를 만드는 것을 직접 도왔지요. 그러나 다른 일로도 바쁜 선생님이나 교장이 진도에 맞추어 교재를 완성하기란 여간 어려운 일이 아니었습니다. 교재 만드는 일에만 집중하는 선생님을 따로 고용한 것이 모두에게 다행이었지요.

학부모님까지 두 팔 걷고 나선 것도 정말 커다란 도움이 되었습니다. 학부모님도 자신들이 직접 문제집을 만들다 보니 다양한 지도 방법을 이해했다고 말했는데, 그것도 정말 다행이었지요.

한 아이를 키우려면
온 마을이 필요하다

쓰치도 초등학교에 부임해 내가 처음으로 학교에 왔을 때, 각 학급 담임선생님들은 4월을 맞이해 가정을 방문하러 다녔습니다. 가정 방문은 매해 학기 초마다 이루어집니다.

과거처럼 한 학급에 학생 수가 50명이나 되지는 않지만, 쓰치도 초등학교는 연구학교라는 점 때문에 먼 지역에서 통학하는 학생들이 적지 않았습니다. 오랜 시간이 걸려 출근하는 선생님들은 근처 지리에 충분히 익숙해지지도 못했습니다. 게다가 쓰치도 초등학교는 산간 마을에 위치해, 차로 이동하더라도 좁디좁은 일방통행을 가로질러 산길을 달려야 했기 때문에 선생들이 길을 잃는 경우도 종종 있었습니다. 이런 갖은 고생을 겪으면서도, 쓰치도 초등학교 선생님들은 학부모뿐만 아니라 지역 주민들과도 조금이라도 더 가까워지기 위해 최선을 다했습니다.

선생님들이 가정방문을 다녀온 다음에 들려주는 이야기를 듣고 있자면, 나는 학부모들이 쓰치도 초등학교에 거는 기대가 보통이 아니라는 걸 느낍니다. 가까운 지역에 있는 초등학교도 마다하고 쓰치도 초등학교에 학생들을 보낸 가정도 많았는데, 그런 아이들의 부모님은 예외 없이 큰 기대를 걸고 있었습니다.

학교를 향한 기대가 클수록, 학교에서는 더 힘이 생길 수밖에 없지만, 다른 한편으로는 의도치 않게 기대를 저버릴 수도 있기에, 무거운 짐이라는 생각이 들기도 합니다. 학교를 향한 불신이 사회 곳곳에 팽배한 점을 생각할 때, 학교와 지역 공동체 사이에 놓인 벽을 허물어야 한다는 부담감도 있는 것이 사실이지요.

쓰치도 초등학교는 연구학교로 선정되어, 같은 지역이 아닌 초등학생들도 쓰치도 초등학교에 편입할 수 있는 길이 열렸습니다. 쓰치도 초등학교는 편입할 수 있는 시기를 4월 한 달 동안으로 제한하고 있기는 하지만, 학생이 이사를 간다든지 하는 부득이한 사정을 가지고 있는 경우에는 유연하게 편입을 허용했습니다.

처음 편입 희망자를 모집할 때만 하더라도, 편입할 수 있는 학생 수를 최대 35명으로 제한했지만, 실제 편입을 지원한 학생 수는 51명이나 되었습니다. 학교는 추첨을 통해 편입생을 선정해야만 했는데, 앞으로도 특별한 해결책이 생기지 않는다면 학교는 이 방법을 고수해야 할 것 같습니다. 그렇지 않으면 쓰치도 초등학교의 학생 수가 감당하기 힘들 정도로 늘어날 테니까요. 편입을 희망한다고 학교에서 모든 아이들을 받아들이기 시작하면, 선생님을 각 반에 배치하는 데에도 어려움이 생길 것입니다.

아이들이 편입해도 좋은지 알 수 있도록, 쓰치도 초등학교는 학부모들을 위해 평상시 수업 방식을 소개하는 '공개 수업'을 열었습니다. 나는 학부모들에게 '쓰치도 초등학교에서 보여드린 교육 방침을 충분히 이해하신 분만 지원하시길 바란다'고 말했습니다. 단순히 소문과 명성만 듣고 지원하지 않고, 쓰치도 초등학교가 추구하는 방향과 활동에 공감하는 분들과 함께하고 싶다고 말한 것이었습니다.

아이들이 학교를 선택해 진학할 수 있다고 하더라도, 다른 지역 아이들까지 굳이 쓰치도 초등학교로 보내야 하는가 하는 문제를 두고 학부모들은 자주 고민할 것입니다. 정부에서는 학교도 서로 경쟁해 교육 수준을 높일 수 있도록, 아이들이 학교를 선택할 수 있게 만들었을 것입니다. 그러나 나는 학교와 지역사회가 연대감을 쌓아도 모자랄 시기에, 정부가 뚜렷한 대책도 없이 단순히 학교 사이에 경쟁을 부추기는 것을 찬성하지 않습니다. 우리 지역에서는 다행히도 침착하게 상황을 관찰하면서 신중하게 판단하기 위해 노력하고 있습니다.

아이가 사는 곳과 배우는 곳이 다르다는 것은 같은 동네에 사는 또래 친구를 사귀기가 점점 더 어려워진다는 것을 뜻합니다. 아이가 사는 곳과 배우는 곳이 다르면, 방학 기간에 문제가 생길 수도 있습니다. 학교 친구들만 사귀고 동네 친구들과는 어울리지 않을 때, 아이들은 지역공동체 안에서 고립당할 수도 있지요.

학부모에게도 가까운 지역의 초등학교를 뒤로 하고 쓰치도 초등학교에 관심을 보여야 하는 일은, 학교를 중심으로 새로운 공동체를 꾸리는 일이나 다름없지요.

예를 들어, 지역 행사에 참여하는 것만 보더라도 거주 지역과 쓰치도 지역을 모두 살펴야 하기 때문에 학부모와 아이는 시간을 잘 활용해야 합니다. 게다가 쓰치도 초등학교에서는 다른 학교들보다 학부모님에게 참가를 부탁드리는 행사가 유난히 많이 열립니다. 학부모들끼리 나누는 대화만 들어봐도, '쓰치도 초등학교에서 열리는 학부모 활동은 다른 학교보다 세 배나 많다'는 이야기를 들을 수 있습니다.

쓰치도 지역 주민들도 학교 행사에 아주 열성적으로 참여합니다. 해마다 11월쯤 쓰치도 초등학교에서는 음악회나 연극 같은 여러 가지 발표 활동이 이루어지는데, 이때 지역 주민들도 학교 축제에 참여해 헌책 교환하거나 바자회를 열지요. 또 학부모들이 오코노미야키를 만들어 학생들에게 나눠주거나, 금속을 가공해 고장나거나 필요한 시설들을 수리하고 제작하기도 했습니다. 해마다 수많은 학부모나 지역 주민들이 학교 행사에 깊은 관심을 보이고 참여해주기 때문에, 쓰치도 초등학교와 학생들도 날이 갈수록 더욱 발전할 수 있었습니다.

5월에 열린 운동회도 대성공이었습니다. 운동회가 열릴 때마다 선생님과 아이들이 모두 한 마음으로 노력해 매우 순조롭게 진행되었습니다. 과거에는 학생 수가 많았기 때문에, 아이들이 운동회에 참여할 수 있는 기회는 오전과 오후에 한 번씩 고작 두 번뿐이었습니다. 그러나 이제는 쓰치도 초등학교에서 열리는 학생 운동회는 오전에만 열리고, 오후부터는 지역 주민들과 함께하는 지역 운동회가 열립니다. 아이들이 참여할 수 있는 기회도 많아, 적게는 대여섯 번, 많게는 여덟 번까지도 경기에 참여합니다. 정말이지 잠시도 쉴 틈이 없을 정도이지요.

학교를 찾아오는 주민들은 지역 운동회가 열리고 학생 수가 점점 많아지고 있다는 점을 반깁니다. 쓰치도 초등학교도 여느 초등학교들처럼 1,000명은 가뿐히 넘을 정도로 규모가 컸던 시절도 있었습니다. 그러나 모든 지역에서나 마찬가지겠지만, 쓰치도 초등학교의 학생 수도 급격히 줄어들었습니다. 전체 학생 수가 고작 65명인 때도 있었지요. 그러나 학생들이 학교를 선택해 진학할 수 있게 정책이 바뀌면서, 쓰치도 초등학교의 학생 수는 이전보다 세 배나 늘었습니다. 정말 오랜만에 한 학년에 두 학급을 편성할 수도 있게 되었지요. 그러니 활기찬 운동회는 지역 주민들에게도 더욱 값진 것이었습니다. 주민들도 다시 지역이 예전처럼 활기를 되찾기를 늘 기대했던 것 같습니다.

학생 수가 두 배, 세 배 가까이 늘었다고는 하지만, 대다수 학생들은 다른 지역에서 통학합니다. 1학년 학생들만 보더라도, 70퍼센트 정도가 다른 지역에서 등교하지요. 학생 운동회가 끝나고 오후부터 같은 장소에서 지역 운동회가 열린다고 공지했는데, 나는 지역 주민이 아닌 학부모들이 어느 정도나 참가할지 조금 불안한 마음으로 지켜보았습니다. 내가 오후부터 시작하는 지역 운동회에도 많은 참가를 부탁드린다고 인사를 건넸기 때문인지, 대다수 부모들이 끝까지 남아 자리를 지켰습니다. 때마침 방송국 관계자들이 취재하러 들른 덕분에, 운동회는 오전보다 더 붐비기까지 했지요. 학부모와 지역 주민들도 모두 매우 흡족한 하루를 보냈다고 입을 모았습니다.

개교기념일에도 선생님들은 지역 주민들과 가까운 음식점에서

축하 모임을 가졌습니다. 100명 남짓이나 모인 사람들이 쓰치도 초등학교의 과거 모습을 이야기하는 동안 모두들 즐거운 시간을 보냈습니다.

학생 수가 늘고 지역 활동에 참가하는 사람이 늘었다는 것은, 지역 주민들에게는 크나큰 활력소라는 점을 새삼 느끼게 해준 하루였습니다. 원래 나는 지역을 혁신하기 위해 쓰치도 초등학교에 교장으로 부임했습니다. 지역의 일꾼으로 학교에 불려온 셈이지요. 그러나 쓰치도 초등학교에서 시간을 보내는 동안, 혁신을 이끌어가는 원동력은 나 자신이 아니라, 바로 이 지역 주민들에게 있다는 사실을 깨달았습니다.

결국 학교란 지역 주민과 학부모가 협력하지 않으면 존재할 수 없습니다. 지역이 지역답고 가정이 가정다울 때, 비로소 학교도 학교다운 모습을 갖출 수 있지요. 지역사회가 무너지고 가정이 무너지는데, 학교만 건재할 수는 없습니다. 학교가 무너지고 지역사회와 가정이 건재할 수 없는 것과 마찬가지입니다.

학교는 지역 주민들과 깊이 있는 대화를 나누고, 그들이 교육에 어떤 기대를 가지고 있는지 올바르게 파악하고 그 방향으로 나아가기 위해 최선을 다해야 합니다. 쓰치도 초등학교도 몇 가지 목표를 새로이 세웠는데, 그 목표들 가운데 하나도 가정과 지역과 학교가 균형을 이루어 각자 교육에서 담당해야 할 임무를 완수할 수 있도록 서로 돕는 일입니다.

쓰치도 초등학교가 추구하는 방향이 단지 학교만의 성공일 수는 없습니다. 학교는 문제를 제기하고, 지역 주민들과 학부모들은 문제를 해결하고자 선생님들과 협력할 수 있을 때, 비로소 올바른 교육제도가 하나둘씩 세워질 것입니다.

과거에 아이들에게 지나친 부담을 준다고 삭제되었던 교과 내용들 중 일부가 부활하고 있습니다. 그런 움직임을 보면서 나는 과거의 한 장면을 떠올리곤 합니다. 내가 야마구치 초등학교에 근무하면서 개별 상담을 할 때이지요. 한 여자아이와 상담을 나누면서, 아이의 어머니를 앞에 두고 이런 말을 했습니다.

"대분수 계산이 실린 이 교과서는 이제 곧 없어지게 됩니다. 사다리꼴의 넓이를 구하는 공식도 마찬가지고요. 아이들이 계산을 연습할 기회가 점점 사라지고 있다는 생각을 하면 참으로 안타까울 따름입니다. 하지만 내가 아무리 떠들어도 소용없더군요. 위에서 높은 사람들이 정한 일이니까요."

상담이 끝난 뒤 나는 내 자신이 싫어졌습니다. 아이들에게는 늘

무슨 일이든 쉽게 포기해서는 안 된다고 말하면서, 정작 나는 지위가 높은 사람들이 정한 일이라고 쉽게 포기했으니까요.

나는 야마구치 초등학교에서 내가 실천한 학습법을 일본 교육의 꿈이고 희망이라고 생각했습니다. 꿈이라고 생각한 까닭은, 내가 그때까지 전국 각지에서 쓰이는 수많은 교육 방식을 접하고 그 대부분의 장점을 받아들였기 때문입니다. 희망이라고 생각한 까닭은, 내가 아이들은 항상 우리가 생각하는 것 이상으로 성장하기 때문에 읽기, 쓰기, 계산하기의 지도 방식에 무한한 가능성이 있다고 믿었기 때문이지요.

나는 심지어 이 학습법이 널리 알려지고, 읽기, 쓰기, 계산하기의 반복 학습이 인기를 얻을 수만 있다면, 당시 교과서를 없애도 상관이 없다고까지 생각했습니다. 그런 노력이 가지고 온 결실이라고 해야 할까요, 교과 내용의 부활을 알리는 신문 기사 아래에는 새로운 교육 방침을 환영한다는 내 글이 실렸습니다. 아직 내가 목표를 이루었다고 할 수는 없지만, 내 뜻이 일부라도 다른 사람들에게 전해진 것이었지요. 이것은 내가 전혀 상상할 수조차 없었던 결말이었습니다. 나는 남모르게 혼자 축배를 들었습니다.

또 그 후로는 고등학교 3학년의 학력 평가에서 과학과 수학 과목의 학력 저하가 두드러지고 있다는 보도도 있었습니다. 저학년 과정의 과학 과목을 없애고 계산 연습을 부정하는 시대가 10년 동안

이어졌으니, 사실은 이미 예상되었던 결과입니다. 그러나 거듭 밝히지만, 나는 문부과학성을 비판하고 싶은 마음은 추호도 없습니다. 문부과학성은 주입식 교육을 비판하는 여론을 등에 업고 그 제도를 시행했을 뿐이며, 이런 문제는 누군가에게 책임을 물어서 해결될 문제도 아니었기 때문입니다. 물론 문부과학성도 모든 책임을 피하기는 어려울 것입니다.

나는 오히려 함께 발표된 설문조사 결과를 보고 용기를 얻었습니다. 그 결과는 아침 식사를 거르지 않으면 성적이 오른다는 내용과, 반복 학습은 체험 학습과 병행해도 학습 능력의 향상에 도움이 된다는 내용이었습니다. 이것은 야마구치 초등학교에 있을 당시 내가 내린 결론과 같은 얘기이기 때문에, 그 내용이 일본 전체의 학력 평가에 반영되었다는 사실만으로도 나는 내 바람이 예상을 뛰어넘는 엄청난 결과로 이어졌다는 것을 확인할 수 있었습니다.

쓰치도 초등학교 교장, 전국에 일곱 개밖에 없는 '새로운 학교 운영 방식 실천 연구학교'의 교장, 이것이 내 어깨 위의 무거운 짐입니다. 나는 한 해를 돌아보는 학교 평가를 실시했는데, 이 학교 평가는 학부모나 아이들이 지난 한 해 동안 학교가 어땠는지 평가하는 설문조사입니다. 그 결과 '아주 만족'이라고 답변한 사람들과 '만족스러운 편'이라고 답변한 사람들이 전체 응답자 가운데 86퍼센트로 나타났습니다. 참으로 고마운 일이지요.

결과를 자세히 들여다보면, 학부모와 아이들이 학교의 제도보다, 선생님들의 지도 능력을 더 높이 평가하고 있다는 사실을 알 수 있었습니다. 학교의 제도와 선생님들의 지도 능력을 5점 만점 가운데 5점이나 4점으로 평가한 응답자가 80퍼센트였는데, 학교 제도에 5점을 준 비율은 40퍼센트에 그치는 반면 선생님들의 지도 능력에 5점을 준 비율은 60퍼센트나 되었습니다. 학생들을 대상으로 실시한 설문조사에서는 '수업은 이해하기 쉬운가?' 하는 질문도 있었는데, 거의 모든 학생들이 '아주 이해하기 쉽다'나 '이해하기 쉬운 편이다'로 평가했고, 그들 가운데 대부분은 '학교생활이 재미있다'고 답했습니다.

설문조사는 결국 선생님들이 어떻게 노력하는지에 따라 학교에 대한 평가도 달라진다는 사실을 말해주고 있습니다. 나는 새로운 도전을 받아들이고 이런 결과까지 가지고 온 쓰치도 초등학교의 선생님들에게 깊은 감사를 느꼈습니다.

새로운 변화는 그뿐만이 아닙니다. 내 책이 국경을 뛰어넘어 다른 나라에서도 번역되고 출간되었습니다. 이것은 나조차도 전혀 예상하지 못했던 일로, 읽기, 쓰기, 계산하기의 학습법이 새로운 단계로 접어들었다는 것을 뜻합니다.

《참된 의미의 학력을 높이는 책本当の学力をつける本》을 비롯한 내 책과 문제집이 한국, 대만, 홍콩, 태국 등지에서 번역되고 출간되었습

니다. 한국에서는 100칸 계산 문제집이 《기적의 계산법》으로 출간
되어 폭넓게 확산되고 있습니다.

한국의 방송국인 KBS가 쓰치도 초등학교를 취재해, 인기 프로
그램에서 20분 동안 특집으로 다루어지기도 했습니다. 방송하는
날, 때마침 나는 강연을 위해 한국에 머물고 있었습니다. 조선일보
에서 나를 인터뷰한 것은 이튿날 신문에 크게 실렸습니다.

쓰치도 초등학교에서는 컴퓨터나 영어 교육에도 힘쓰고 있는데,
한국을 비롯한 아시아 각국은 이 분야에서 이미 일본을 앞서고 있
습니다. 나는 쓰치도 초등학교에서 활용할 작정으로, 그런 나라들
로부터 앞선 교육들을 끊임없이 배울 각오를 하고 있습니다. 컴퓨
터나 영어는 21세기 후반을 짊어질 아이들에게는 반드시 필요한
능력으로, 나뿐만 아니라 여러 선생님들도 멈추지 않고 노력해야
할 부문입니다.

내가 이렇게 새로운 교육법에 계속 도전할 수 있는 것은, 야마구
치 초등학교와 쓰치도 초등학교에서 얻은 경험들이 큰 몫을 차지
하고 있습니다. 쓰치도 초등학교는 문부과학성이 연구학교 가운데
한 곳으로 지정해, 문부과학성이나 히로시마현 교육위원회, 히로
시마 대학교의 교수들을 비롯한 지역 주민 여러분에게도 여러모로
도움을 받을 수 있었습니다.

또 한 가지 내가 정말로 고맙게 생각하는 것은 방송국이나 신문

사, 잡지사에서 쓰치도 초등학교를 향해 보여주는 따듯한 배려와 관심입니다. 내 스승인 기시모토 히로시 선생님과 동료 선생님들의 격려도 나에게는 큰 보탬이 되었습니다. 그리고 무엇보다도 쓰치도 초등학교 학생들과 학부모님에게 나는 큰 빚을 지고 있습니다. 이 모든 사람들이 보내는 응원을 발판으로 나는 도전을 멈추지 않을 것입니다.

쓰치도 초등학교에 부임해 처음 맞는 졸업식이 얼마 전이었습니다. 그날 학생 14명이 정든 교정을 떠났습니다. 쓰치도 초등학교에서 보낸 시간이 그 아이들이 살아가는 데 작은 밀알이 되기를 바라며 이 책을 끝마칠까 합니다.

아름다운 오노미치의 바다를 바라보며,
가게야마 히데오

부록

예비 100칸 계산

예비 100칸 계산에 들어가기 전에, 구슬이나 주판을 사용해 10으로 가르고 모으기를 아이와 함께하세요. 아이가 수를 가르고 모으는 것을 확실히 이해한 상태에서 100칸 계산을 시작해야 더 큰 효과를 볼 수 있습니다.

목표 시간은 어디까지나 어제의 자기 자신을 이기기 위한 기준일 뿐이고, 저학년 학생들은 개인차도 큽니다. 시간을 단축하지 못하더라도 크게 걱정할 필요는 없습니다. 부모님은 아이가 즐겁게 연습할 수 있도록 칭찬을 아끼지 말아주세요. 아이의 계산 실력은 저절로 나아질 것입니다.

부록은 복사해 사용할 수 있습니다.

10칸 계산 덧셈

(분   초)

+	5	1	8	3	2	7	4	6	5	4
2										

(분   초)

+	5	1	8	3	2	7	4	6	5	4
2										

(분   초)

+	5	1	8	3	2	7	4	6	5	4
2										

(분   초)

+	5	1	8	3	2	7	4	6	5	4
2										

(분   초)

+	5	1	8	3	2	7	4	6	5	4
2										

(분   초)

+	5	1	8	3	2	7	4	6	5	4
2										

25칸 계산 덧셈

(　　분　　초)

+	2	5	1	4	3
1					
3					
4					
5					
2					

(　　분　　초)

+	2	5	1	4	3
1					
3					
4					
5					
2					

✏️ 간단한 덧셈

(분   초)

+	6	2	7	1	5	4	0	8	3	9
1										

+	5	1	3	0	7	8	4	2	6
2									

+	4	6	3	7	2	1	0	5	+	0
3									10	

+	1	4	0	2	6	5	3	+	0	1
4								9		

+	5	2	4	0	3	1	+	2	1	0
5							8			

+	2	0	3	1	4	+	1	3	0	2
6						7				

✏️ 49칸 덧셈

(분   초)

+	1	4	2	5	7	3	6
5							
3							
2							
6							
1							
7							
4							

(분   초)

+	1	4	2	5	7	3	6
5							
3							
2							
6							
1							
7							
4							

10칸 뺄셈

(분   초)

−	5	2	8	3	9	6	4	7	5	6
2										

(분   초)

−	5	2	8	3	9	6	4	7	5	6
2										

(분   초)

−	5	2	8	3	9	6	4	7	5	6
2										

(분   초)

−	5	2	8	3	9	6	4	7	5	6
2										

(분   초)

−	5	2	8	3	9	6	4	7	5	6
2										

(분   초)

−	5	2	8	3	9	6	4	7	5	6
2										

25칸 뺄셈

(분   초)

−	8	5	9	7	6
2					
4					
0					
1					
3					

(분   초)

−	8	5	9	7	6
2					
4					
0					
1					
3					

간단한 뺄셈

−	6	3	8	5	4	7	9	10	2	1
1										

−	5	3	10	6	4	9	7	8	2
2									

−	8	5	4	7	10	3	9	6
3								

−	10
10	

−	9	10	6	5	7	4	8
4							

−	9	10
9		

−	6	5	9	10	7	8
5						

−	10	8	9
8			

−	9	7	8	6	10
6					

−	7	9	10	8
7				

49칸 뺄셈

(　　　분　　　초)

−	15	18	16	13	19	14	17
9							
5							
7							
3							
6							
4							
8							

(　　　분　　　초)

−	15	18	16	13	19	14	17
9							
5							
7							
3							
6							
4							
8							

초등 공부 습관의 힘

1판 1쇄 **인쇄** 2019년 6월 18일
1판 1쇄 **발행** 2019년 6월 25일

지은이 가게야마 히데오
옮긴이 신현호

발행인 양원석
편집장 김효선
책임편집 이종석
디자인 RHK 디자인팀 박진영
해외저작권 최푸름
제작 문태일, 안성현
영업마케팅 최창규, 김용환, 양정길, 이은혜, 조아라, 신우섭,
　　　　　　　유가형, 임도진, 김유정, 정문희, 신예은

펴낸 곳 ㈜알에이치코리아
주소 서울시 금천구 가산디지털2로 53, 20층 (가산동, 한라시그마밸리)
편집문의 02-6443-8868   **구입문의** 02-6443-8838
홈페이지 http://rhk.co.kr
등록 2004년 1월 15일 제2-3726호

ISBN 978-89-255-6697-9(13590)